U0252126

王宏亮　何连生　卢佳新／编

臭氧及挥发性有机物综合治理知识问答

Chouyang ji Huifaxing Youjiwu
Zonghe Zhili
Zhishi Wenda

中国环境出版集团·北京

图书在版编目（CIP）数据

臭氧及挥发性有机物综合治理知识问答 / 王宏亮，何连生，卢佳新编 . -- 北京 ：中国环境出版集团，2020.6（2020.11 重印）

ISBN 978-7-5111-4352-5

Ⅰ．①臭… Ⅱ．①王… ②何… ③卢… Ⅲ．①臭氧－挥发性有机物－环境综合整治－问题解答 Ⅳ．①X51-44

中国版本图书馆 CIP 数据核字（2020）第 097925 号

出 版 人	武德凯	
责任编辑	曲　婷	
责任校对	任　丽	
装帧设计	宋　瑞	

出版发行　中国环境出版集团
　　　　　（100062　北京市东城区广渠门内大街 16 号）
　　　　　网　　址：http://www.cesp.com.cn
　　　　　电子邮箱：bjgl@cesp.com.cn
　　　　　联系电话：010-67112765（编辑管理部）
　　　　　发行热线：010-67125803，010-67113405（传真）
印　　刷　北京中科印刷有限公司
经　　销　各地新华书店
版　　次　2020 年 6 月第 1 版
印　　次　2020 年 11 月第 4 次印刷
开　　本　787×960　1/16
印　　张　12.25
字　　数　145 千字
定　　价　65.00 元

中国环境出版集团郑重承诺：
中国环境出版集团合作的印刷单位、材料单位均具有中国环境标志产品认证；
中国环境出版集团所有图书"禁塑"。

编委会

组织单位：

生态环境部科技与财务司

编制单位：

中国环境科学研究院
中国环境科学学会

顾　　问：（以姓氏笔画为序）

马永亮　刘　媛　许丹宇　羌　宁　郝郑平
都基峻　聂　磊

主　　编：

王宏亮　何连生　卢佳新

编　　委：

张亚辉　陈永梅　陈丽红　刘　媛　丁文文　赵　昊
赵航晨　刘　颖　刘勇华　岳子明　吴丰成　曹　莹
张　瑜　董淮晋　杨霓云　王一喆　胡春明　杜士林
丁婷婷　冯学良　魏占亮　刘亚峰　孟　甜　刘晓雪

前言

    2018 年 7 月，国务院正式印发了《打赢蓝天保卫战三年行动计划》（以下简称"三年行动计划"）。根据"三年行动计划"的安排，到 2020 年，细颗粒物（$PM_{2.5}$）未达标地级及以上城市浓度比 2015 年下降 18% 以上，地级及以上城市空气质量优良天数比率达到 80%，重度及以上污染天数比率比 2015 年下降 25% 以上。

    2020 年是打赢蓝天保卫战的收官之年，当前阶段，我国面临细颗粒物（$PM_{2.5}$）和臭氧（O_3）污染的双重压力。特别是在 6—9 月的夏季，京津冀及周边地区、长三角地区、汾渭平原等重点区域及苏皖鲁豫交界地区，O_3 超标天数占全国 70% 左右，O_3 甚至已成为此区域内部分城市空气质量超标的首要因子。$PM_{2.5}$ 和 O_3 的浓度超标对完成"三年行动计划"中的任务指标构成了较大的压力。

    $PM_{2.5}$ 的重要前体物为挥发性有机物（VOCs）、O_3、氮氧化物（NO_x）等，O_3 的重要前体物为 VOCs 和 NO_x。由于 VOCs 是 $PM_{2.5}$ 和 O_3 的共同前体物，因此对工业企业源、油品挥发源、城镇生活源等源头 VOCs 的防控和治理，事关 $PM_{2.5}$ 和 O_3 的污染控制，事关蓝天保卫战的最终战果，事关高质量发展和美丽中国建设的大局。

为了更好地开展 2020 年夏季 O_3 和 VOCs 的综合治理工作，按照生态环境部"送技术、送方案、送服务"理念的要求，在生态环境部科技与财务司的工作安排下，中国环境科学研究院会同中国环境科学学会组织专家团队编写此书。本书的定位为 O_3 和 VOCs 综合治理的科普图书。

本书分上下两篇，上篇定位为科学普及。主要阐述 O_3 和 VOCs 自身的三个基本问题，即它们从何处来？往何处去？在其存续期间，可能产生哪些危害？具体说来则包括：O_3 的基础知识、VOCs 的基础知识、VOCs 的自然源与生活源、VOCs 对人体的危害、VOCs 对生存环境的破坏、VOCs 的防护。上篇主要面向对 O_3 和 VOCs 话题感兴趣的公众、企业安环人员、环境领域从业人员等非专业人士。

下篇定位为工具应用。首先，叙述了工业源 VOCs 科学治污的共性知识；其次，阐述了石化、化工、包装印刷、工业涂装、油品储运销五大领域 VOCs 综合治理涉及的源头替代、过程控制、末端治理、精细管控的四类技术；最后，整理了工业企业和油品储运销检查的豁免条件与检查要点，以及国家 VOCs 综合治理的法规依据。下篇主要面向对 O_3 和 VOCs 综合治理感兴趣的企业安环工作者、环境领域从业者、督查巡查工作者等专业人士。

本书的出版得到了生态环境部各司局的悉心指导，得到了中国环境保护产业协会、北京市环境保护科学研究院、天津市环境保护科学研究院等兄弟单位的热心帮助，在此一并表示感谢。

本书涉及的内容多、专业广，尽管我们试图详细准确地阐述 VOCs 和 O_3 形成及治理相关的原理、法规、政策、技术、工程规范等，但编者深知自己专业水平有限，认知高度和深度不够，加之时间仓促，书中难免存在疏漏之处，敬请广大读者批评指正。

作　者

2020 年 5 月

目录

第二章　石化行业 VOCs 防控 /109

第三章　化工行业 VOCs 防控 /115

科学普及篇

第一章 臭氧的基础知识

为什么夏季晴空万里时，还会显示有空气污染？

　　我国的空气质量指数（AQI）是由细颗粒物（$PM_{2.5}$）、颗粒物（PM_{10}）、臭氧（O_3）、二氧化硫（SO_2）、二氧化氮（NO_2）、一氧化碳（CO）六项指标构成。

　　经过多年努力，除臭氧外，其他五项指标均逐年下降。夏季是臭氧污染的高发时节，晴空万里说明 PM_{10} 和 $PM_{2.5}$ 等较少，若此时仍显示空气污染，极可能是因为空气中的 O_3 超标了。

臭氧（O₃）是什么呢？

O₃ 是地球大气中一种微量气体，它是由于大气中氧分子受太阳辐射分解成氧原子后，氧原子又与周围的氧分子结合而形成的，含有 3 个氧原子，化学式是 O_3。大气中 90% 以上的 O_3 存在于平流层，离地面 $10 \sim 50\ \mathrm{km}$，它可以有效阻挡太阳光的紫外辐射，起到保护人类和环境的作用。但如果 O_3 在近地面浓度较高，则会对人体健康和生态环境产生有害影响，如较高浓度的 O_3 对眼睛和呼吸道有刺激作用，对肺功能也有影响，较高浓度的 O_3 对植物也是有害的。

简而言之：在天是佛、入地成魔。

近地面的 O_3 是如何形成的呢？

近地面（对流层）大气中的 O_3 主要由光化学反应过程产生，即 O_3 属于"二次污染物"。工业企业排放的氮氧化物（NO_x）与挥发性有机物（VOCs）等前体物，在太阳光（紫外线）照射下，经过一系列复杂的光化学反应，产生 O_3 污染物。

NO_x 的来源较广，但基本是人为排放，主要来自机动车尾气、化石燃料燃烧、工业生产过程；VOCs 的来源更为广泛，有石化、医药、化工、家具、汽修、印刷等行业及工业企业的废气排放，也有机动车、加油站等油气挥发，还有餐饮油烟、干洗店和美发店等有机物挥发等，因此 O_3 污染也呈现出覆盖面积广、影响范围大等特征。

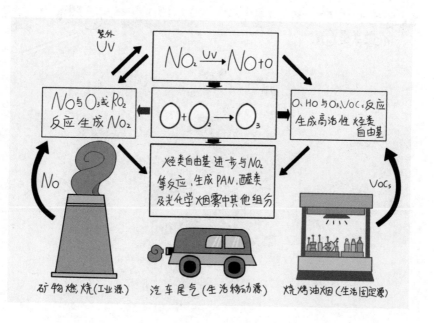

O₃ 对人体有危害吗？

低浓度的 O_3 可消毒，但超标的 O_3 则是个无形杀手。它的危害包括：

（1）刺激人的呼吸道，造成咽喉肿痛、胸闷咳嗽、引发支气管炎和肺气肿；

（2）造成人的神经中毒，头晕头痛、视力下降、记忆力衰退；

（3）对人体皮肤中的维生素 E 起到破坏作用，致使人的皮肤起皱、出现黑斑；

（4）还会破坏人体的免疫机能，诱发淋巴细胞染色体病变，加速衰老，致使孕妇生畸形儿。

O_3 的危害浓度是多少?

抛开计量谈毒性就是伪科学。

O_3 浓度为 20 ~ 40 μg/m³ 时，人体无不良反应；浓度为 100 ~ 140 μg/m³，对眼、鼻、喉黏膜有刺激的感觉；浓度为 140 ~ 160 μg/m³ 时，出现口干舌燥、嗓子痛、咳嗽等症状；O_3 浓度超过 10 000 μg/m³ 时，则对人体有较大危害。

根据我国《环境空气质量标准》（GB3095—2012），居住区、商业交通居民混合区、文化区、工业区和农村地区，O_3 8 小时浓度限值应 ≤ 160 μg/m³，O_3 1 小时浓度限值应 ≤ 200 μg/m³。当超过此浓度时，环境部门则会迅速行动起来，寻找并削减污染源，保卫人民的身体健康。

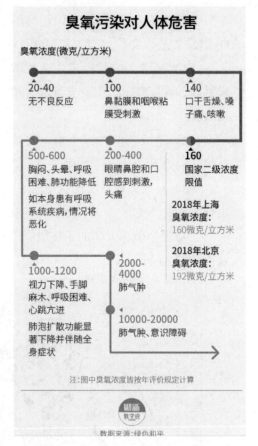

由于 O_3 的臭味很浓，浓度超过 200 μg/m³ 时，人们就能感觉到，因此，世界上使用 O_3 已有一百多年的历史，尚未发现一例因 O_3 中毒而导致死亡的报道。

O₃ 在全年什么时段浓度最高？

从全年来看，O₃ 污染的出现，一般从每年的 4 月份开始，一直持续到 10 月，其中 6—8 月份浓度比较高。从一天来看，早上开始随着气温升高，紫外线辐射增强，O₃ 浓度不断增加，下午 1 ~ 3 点持续高值，到傍晚 5 点左右随着辐射减弱，O₃ 浓度逐渐降低。因此，一般而言，夏季午后 3 点前后，O₃ 浓度最高。

一天当中从早上开始 O₃ 增加，从下午到傍晚随着辐射减弱 O₃ 也会降低。

夏季 O_3 浓度高的原因是什么？

O_3 污染有其生成的特殊条件。在高温、日照充足、空气干燥的条件下，空气中的 VOCs 和 NO_x "见面"，产生光化学反应，才易生成 O_3 污染。夏季对 O_3 的形成可谓是"天时地利人和"：日照强、温度高、云量少、风力弱、"原料"充足。

个人如何进行 O_3 的防护？

O_3 与 $PM_{2.5}$ 不同，O_3 的分子较小，无法用口罩、防毒面具等方式拦截。因此，个人在夏季高温时节，要做到"一查、二减"。一查，是指夏季高温的日子里，多查查当日 O_3 浓度播报。二减，当出现 O_3 浓度超标时，应减少室外运动时间，防止人体直接接触高浓度 O_3；减少室内外的通风换气次数，防止 O_3 污染进入室内。

O_3 会到处流窜吗?

O_3 污染可防可控,但也难防难控。根据科学研究和专家研判,O_3 污染具有一定的区域性传输特性,它会到处流浪,也会到处流窜,单一城市的 VOCs 和 NO_x 排放,到生成 O_3 污染时,不一定就出现在某个特定排放区域和城市。

因此,遇有高温、干燥天气时,要实施社会联动、区域联控,打好 O_3 污染治理攻坚战。

O_3 和 VOCs、$PM_{2.5}$、雾霾有关系吗?

雾霾是雾和霾的组合词。雾是由大量悬浮在空气中的小水滴或冰晶组成的气溶胶系统，是近地面空气中水汽凝结（或凝华）的产物。霾是指空气中的大量极细微的尘粒子均匀地浮游在空中，使空气浑浊，视野模糊并导致水平能见度小于 10 km 的自然天气现象。霾污染主要源于人为污染，罪魁祸首是 $PM_{2.5}$。

VOCs 与 NO_x 在太阳光（紫外线）的照射下，通过光化学反应形成了 O_3 和二次有机气溶胶（简称 SOA）；这些二次有机气溶胶和硫酸盐、硝酸盐、铵盐、黑碳、有机化合物等共同组成了 $PM_{2.5}$。

也就是说，VOCs 一方面会导致细粒子的产生，形成 $PM_{2.5}$；另一方面，VOCs 也会导致近地面 O_3 浓度增高，使得光化学烟雾污染更加严重。所以控制 VOCs，对控制 O_3 和 $PM_{2.5}$ 的形成，格外重要。

VOCs也会导致光化学烟雾污染更严重

第二章　VOCs 的基础知识

什么是VOCs？

VOCs 是挥发性有机物英文名 "Volatile Organic Compounds" 的缩写，有时也称 VOC，此时专指一种 VOC，或者表示挥发性有机物这样一个集合概念。无论是中文的 "挥发性有机物" 还是英文的 "Volatile Organic Compounds" 均比较长，因此习惯上常用 "VOCs" 或者 "VOC" 来简称。

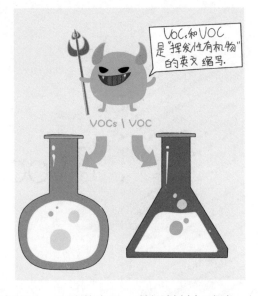

不同的机构和组织出于不同的管理、控制或研究需要，对 VOCs 的定义不尽相同，目前尚没有统一、公认的定义。美国材料与试验协会（ASTM）D3960-98 标准将 VOCs 定义为任何能参加大气光化学反应的有机化合物。美国国家环保局（EPA）对 VOCs 的定义为：挥发性有机化合物是除一氧化碳、二氧化碳、碳酸、金属碳化物、金属碳酸盐和碳酸铵外，任何参加大气光化学反应的碳化合物。世界卫生组织（WHO，1989）对总挥发性有机化合物（Total Volatile Organic Compounds，TVOC）的定义为：熔点低于室温而沸点为 $50 \sim 260\,℃$ 的挥发性有机化合物的总称。

我国标准主要基于能否参与光化学反应来定性：挥发性有机物（VOCs）是指 "能参与大气光化学反应的有机化合物，或者根据规定的方法测量或核算确定的有机化合物"。

12.

VOC、TVOC、VOCs、SVOC、NVOC是什么关系呢？

VOC 和 VOCs 其实是同一类物质，由于挥发性有机物一般成分不止一种，使用 VOCs 更精准。在日常交流过程中，人们习惯性将 s 省去，因此，VOC 一般用于口语，VOCs 则一般用于书面语。

TVOC 是 Total Volatile Organic Compounds 的缩写，即总挥发性有机物。

我国《挥发性有机物无组织排放控制标准》中对于 TVOC 则这样表述："采用规定的监测方法，对废气中的单项 VOCs 物质进行测量，加和得到 VOCs 物质的总量，以单项 VOCs 物质的质量浓度之和计。"实际工作中，应按预期分析结果，对占总量 90% 以上的单项 VOCs 物质进行测量加和得出。

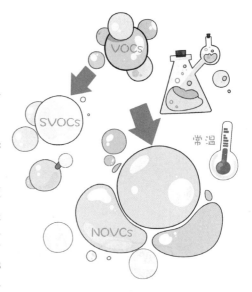

空气中存在的有机物不仅仅是 VOCs，有些有机物在常温下可以在气态和颗粒物中同时存在，而且随着温度变化在两相中的比例会发生变化，这类有机物叫作半挥发性有机物，简称 SVOC。还有些有机物在常温下只存在于颗粒物中，它们属于不挥发性有机物，简称 NVOC。无论是 VOC、SVOC 还是 NVOC，在大气中都参与大气化学和物理过程，一部分可直接危害人体健康，它们带来的环境效应包括影响空气质量、影响气候等。

13.

VOCs主要包含哪些物质？

　　按 VOCs 的化学结构，可将其进一步分为 8 类：烷烃类、芳香烃类、烯烃类、卤代烃类、酯类、醛类、酮类和其他化合物。从环保意义上讲，主要指化学性质活泼的那一类挥发性有机物。常见的 VOCs 有苯、甲苯、二甲苯、苯乙烯、三氯乙烯、三氯甲烷、三氯乙烷、二异氰酸酯（TDI）、二异氰甲苯酯等。

VOCs全都有气味吗?

　　大多数 VOCs 的气味并不明显,但有一些 VOCs,如醇、醛、酮类、芳香烃类、含硫化合物等浓度达到一定程度会有较明显的令人喜欢或厌恶的气味。

日常生活中常见的 VOCs 有哪些？

日常食用的食醋中含有醋酸（学名乙酸），可挥发进入空气，属于含氧的 VOCs（简称 OVOCs）。酒类饮品都含有酒精（学名乙醇），属于挥发性较强的醇类，当然也属于 VOCs，是一种 OVOC。香水中含有各种各样的植物提炼或化学合成的芳香性化合物、精油类物质等，其中有许多属于 VOCs，例如芳香醛、芳香酯等。此外香水中的助溶剂通常是乙醇等 VOCs。一些水果（如柠檬、橙子等）和日用清洗剂中含有苧烯，也是具有香味的 VOCs。家庭装修和家具等释放的室内空气污染物，如甲醛、苯、甲苯等都属于 VOCs。

如何降低环境空气中 VOCs 的含量呢?

VOCs 排入环境空气后,其在大气中的含量就由气象条件和大气化学转化条件所决定,不受人类控制。因此,人类要降低环境空气中 VOCs 的含量,只能通过减少其排放来实现。空气中的 VOCs 一部分来自人为排放源,另一部分来自植物等自然排放源。自然源排放难以被人类控制,因此我们所能做的就是降低人为排放 VOCs 的强度。一是对各种含 VOCs 的废气进行治理,以减少排放;二是对生产过程中的 VOCs 泄漏进行封堵或回收,以减少排放;三是减少化石燃料的使用,减少对各种含 VOCs 物质的使用量,从源头控制 VOCs 污染物的产生。

不同地方的VOCs种类有什么不同？

空气中的VOCs受排放、输送、化学反应等多种因素影响。因此，不同地区可观测到的VOCs种类会有所不同。通常，城市地区较多地体现出机动车船排放、汽油和溶剂使用等特征，VOCs中芳香烃等含量相对较高；温暖季节在植被覆盖较密的地区能检测到由植物类天然源排放的、浓度较高的萜烯和萜烯类化合物；在城市和污染区域的下游地区能检测到较多的烃类氧化之后的产物如醛、酮类等VOCs；在偏远地区主要能检测到一些反应活性较弱的烷烃、炔烃类VOCs及一些含氧VOCs等。

我国城市 VOCs 的主要来源有哪些？

我国城市地区 VOCs 的主要来源一般有机动车排放、油品挥发泄漏、溶剂使用排放、液化石油气（LPG）使用、工业排放等。根据广州市和北京市 VOCs 源解析的结果，机动车排放、油品挥发泄漏、溶剂使用是三大重要 VOCs 来源。但由于能源结构和产业布局不同，不同城市主要排放源的贡献率存在差异，例如 LPG 在广州占 VOCs 总量的 16.32%，而在北京则只占 2.64%。

VOCs 的排放量随时间有变化吗？

VOCs 的排放量是会变化的。在城市地区，早晚上下班高峰期，机动车尾气排放是 VOCs 的重要来源；午后由于温度升高，VOCs 主要来源是油品或溶剂的挥发泄漏；夜晚环境中的 VOCs 则主要是白天排放 VOCs 的累积。从季节变化来看，天然源植物排放和二次生成是夏季 VOCs 的重要来源，燃煤等则会在冬季的贡献率更大。从年际变化来看，随着社会经济的发展，机动车保有量、能源结构和产业布局等产生了变化，VOCs 的排放量也会相应变化。

VOCs 中有哪些是恶臭气体？

恶臭气体不仅包括氨、硫化氢等挥发性无机气体，还包括许多化学成分极为复杂的挥发性恶臭有机物（MVOC）。

MVOC 属于一类极为特殊的挥发性有机物。一方面，MVOC 可分为 5 类：第 1 类为含卤素化合物，如卤代烃；第 2 类为烃类，如烷烃、烯烃、芳香烃等；第 3 类为含氧化合物，如醛、酮、酯、有机酸等；第 4 类为含硫化合物，如硫醚、硫醇和噻吩类；第 5 类为含氮化合物，如酰胺等，这些都是有毒的空气污染物。另一方面，MVOC 具有较无机恶臭物质更为复杂难辨的恶臭气味。

MVOC 来源广泛，除化工、化肥、橡胶、炼油和皮革等数十种工艺过程外，现代城市的污水处理厂、垃圾填埋场甚至机动车尾气都是恶臭 VOCs 的发源地。

第三章　VOCs 的自然源和生活源

为什么植物会排放 VOCs？

植物释放 VOCs 常被认为是一种防卫机制。植物排放的 VOCs 对有害病原体、昆虫、草食动物具有威慑作用，还有利于植物的伤口愈合。一些挥发性很强的 VOCs 能吸引动物或昆虫帮助传粉；或者吸引草食动物的天敌，从而达到防御效果。有些 VOCs 还具有与其他植物或生物体进行交流的功能。另外，一些植物排放的 VOCs 还具有化感作用，对其他植物种子萌发、幼苗生长产生抑制。

植物排放的 VOCs 对大气环境有什么影响？

　　没有明显的证据表明植物排放的 VOCs 会对人体健康产生直接的危害。但是植物排放的 VOCs 非常活泼，可以与 NO_x 发生一系列复杂的大气化学反应，生成 O_3 和有机气溶胶。而环境空气中的 O_3 和有机气溶胶达到一定浓度后，就会对人体健康产生危害。所以，从这个角度说，植物排放的 VOCs 在一定条件下会对大气环境产生不利影响。

为什么要关注植物排放的 VOCs？

正如上述所言，植物排放的 VOCs 会通过一系列复杂的大气化学反应生成 O_3 和有机气溶胶，影响大气环境。就全球而言，植物排放的 VOCs 的量比人为排放的要大得多，约占了全球总 VOCs 排放量的 90%。这部分 VOCs 对大气环境、生态环境产生重要的影响。对植物排放的 VOCs 进行研究，对了解全球和区域大气环境、碳循环乃至气候变化都是必不可少的。

不同种类植物排放的 VOCs 是一样的吗？

　　不同种类植物类型排放 VOCs 的能力是不一样的。一般来讲，森林是植物 VOCs 排放的主体，其排放的 VOCs 量要大于灌木丛、草地等其他植被类型。木麻黄、桉树、枫香树、紫树、杨树、松树、杉木和皂角等都是植物 VOCs 的排放大户。同时，不同种类的植物排放的 VOCs 种类也是不一样的。桉树、杨树等阔叶树种主要排放异戊二烯，而松树、杉木等针叶树种主要排放单萜烯。

哪些地方植物排放的 VOCs 浓度比较高？

就全球范围而言，热带和亚热带地区的植被量较大，拥有大片的热带雨林和森林，而且这些区域长年温度和辐射量均较高，所以这些区域的植物排放的 VOCs 量较大。在人类居住环境当中，郊区由于开发度较低，建成区面积较小，植物数量较多，其排放的 VOCs 量一般要大于市区。

不同季节植物排放的 VOCs 有什么不同?

植物排放的 VOCs 具有明显的季节变化特征。夏季温度较高、太阳辐射较强,植物的生理活动较旺盛,于是排放的 VOCs 也更多。到了冬季,落叶植物会由于叶子枯萎掉落,进入生理休眠期而大大减少 VOCs 的排放;而常绿植物由于环境温度下降,其 VOCs 排放量也会减少。

家里的盆栽会排放 VOCs 吗？

家里的盆栽植物也会排放 VOCs。但由于植株较小，其排放 VOCs 的量很少，且由于墙体阻隔，家居环境中 NO_x 浓度不高，植物排放的 VOCs 与 NO_x 产生化学反应生成 O_3 的量很少，不会对人体健康构成危害，所以无须担心。同时，由于盆栽可以改善家居景观、增加空气湿度、陶冶情操等，其正面作用大于负面作用，所以无须因其会产生少量 VOCs 就敬而远之。

海洋会释放 VOCs 吗?

　　海洋中的藻类和某些海洋生物也会排放 VOCs。但整个大气环境中 VOCs 主要来自陆地排放,来自海洋的排放仅占较小的一部分。而且海上空气较为洁净,NO_x 含量很低,所以生成的 O_3 量很少。同时由于海洋人口密度非常低,所以对人产生的影响也非常少。

人体也能释放VOCs吗?

人的呼吸、汗腺代谢等释放甲醇、乙醇、醚类等挥发性有机物。此外,不同生理状态的人呼出的气体成分也不尽相同。目前,通过监测病人呼吸气体中的挥发性有机气体成分来进行病情诊断作为一种无创诊断技术甚至成为了生物医学工程领域研究的一个热点,例如己醛、庚醛、苯乙烯和癸烷等被作为肺癌呼吸气体监测的标志性气体成分。

汗腺代谢等释放醚类等挥发性物质。

人的呼吸、甲醇、乙醇有机物。

农村燃烧秸秆会产生 VOCs 吗？

　　农作物光合作用的产物有一半以上存在于收获籽实后的秸秆中，秸秆在燃烧时会产生多种 VOCs，除一部分直接进入大气环境外，其他主要附着在燃烧颗粒物及未燃尽的飞灰中。

　　秸秆的种类和燃烧方式不同，其燃烧时产生 VOCs 的量和种类也会有所差别，露天焚烧秸秆产生的 VOCs 数量更多。总体而言，粮食类（如小麦、水稻、玉米、高粱）和油料类（如油菜、花生、芝麻）农作物的秸秆在燃烧时产生的 VOCs 较多，主要包括芳香烃类（如苯、甲苯、二甲苯、苯乙烯、萘、菲）和醛类（如甲醛、乙醛、丙醛）物质，另外还会产生少量烯烃类（如丁烯、1,3- 丁二烯）、烷烃类（如丁烷、庚烷）、卤代烃类（如氯甲烷）、腈类（如乙腈）、酮类（如丙酮）、酯类（如乙酸甲酯）以及其他类（如苯并呋喃）物质。氯甲烷和乙腈是生物质燃烧排放的标志性 VOCs。

秸秆的种类和燃烧方式不同，其燃烧时产生VOCs的量和种类也会有所差别，露天焚烧秸秆产生的VOCs数量更多。

生活垃圾会不会产生 VOCs？

由于我国生活垃圾的含水率和易生物降解有机组分的含量较高，生活垃圾产生后的 0 ~ 3 天时间内，垃圾中的有机物便会在微生物的降解作用下产生少量的 VOCs 释放至大气中，主要包括酮类（如丙酮、丁酮）和硫醚类（如二甲基二硫醚、二甲基硫醚）物质。另外，少量来自生活垃圾自身含有或吸附 - 溶解的 VOCs 会挥发至大气中，主要是芳香烃类物质，如苯、甲苯、二甲苯、苯乙烯等。硫醚类物质具有令人不愉快的恶臭气味。

室内环境中 VOCs 污染物有哪些来源？

　　室内环境中 VOCs 污染物的来源多种多样。其中，建筑材料是其最主要的来源，除了地板之外，还包括敷设材料、颜料、油漆、黏结剂、木材防护剂、墙体和屋顶护层、密封剂、涂墙灰泥、砖块和混凝土等。此外，清洁剂、除臭剂、杀虫剂、化妆品的使用，厨房内家用燃料的燃烧（如天然气炉灶）、烹饪油烟，吸烟，打印机、复印机的使用，人的呼吸与代谢均会产生 VOCs。总的来说，室内有关溶剂使用的物品，均可能是 VOCs 的来源。

33.

室内装修排放哪些 VOCs？

室内装修所排放的 VOCs 主要包括甲醛及芳香烃物质，主要为苯系物（苯、甲苯、二甲苯、乙基苯等）。研究表明，装修后室内的这些有毒有害物质的浓度比室外高很多，有时，装修一年后的浓度仍是室外浓度的 10 倍以上。

34.

干洗店是否会产生 VOCs 污染？如何控制？

干洗店利用干洗剂取代水为媒介，在干洗机中清洗服装和纺织品，目前普遍采用的干洗剂包括两种：四氯乙烯和碳氢溶剂（即石油溶剂），都属于挥发性有机物的范畴。干洗服务业造成的 VOCs 排放主要产生于以下环节：①干洗剂添加过程中挥发造成的排放。②干洗过程中溶剂管道泄漏和烘干时风道漏气造成的排放。③干洗衣物上干洗剂残留造成的排放。④干洗残渣造成的排放。

干洗也会造成 VOCs 的排放哦！

干洗剂

随着干洗行业技术装备水平的不断进步和人们环保意识的增强，发达国家对干洗机环保性能的要求越来越高，干洗机已从原有的分体式干洗机、开启式干洗机发展到目前配有压缩制冷回收系统和碳吸附系统的第 5 代密闭式干洗机，采用其能够有效控制干洗过程中造成的 VOCs 排放。此外，不是所有的衣物都适用于干洗，应遵照衣物上的洗涤指南尽量选择水洗方式。

餐饮油烟含有哪些 VOCs，危害大吗？

从微观上看，餐饮油烟具有气态、液态、固态三种形态。其中的气态污染物（VOCs）排入大气后与空气形成混合气体；大颗粒的液态污染物、固态污染物分布在空气中形成可自然沉降的悬浮颗粒物；细颗粒液态、固态污染物分布在空气中形成相对稳定的气溶胶。餐饮油烟中的 VOCs 包括烷烃、烯烃、醛酮类、酯类、脂肪酸、芳香化合物和杂环化合物。

餐饮油烟的危害是多方面的，首先它是 $PM_{2.5}$ 的直接排放源之一，其次油烟中含有多种挥发性有机物，可以与环境中的 NO_x 发生反应，增强大气的氧化性，加速二次颗粒物的形成。此外，餐饮油烟中含有多种化学物质，如苯并 [a] 芘（BaP）、二苯并 [a, h] 蒽（DbahA）等已知致癌致突变物，长期吸入这类物质，将引起机体免疫功能下降，导致疾病的发生，从而直接影响人体健康。

影响餐饮油烟产生的因素包括什么？

（1）食用油性质：油品的加工程度越深，去除杂质越多，产生的餐饮油烟越少；反复加热的油品产生的油烟多于第一次加热的油品产生的油烟；沸点越低的油品，在同样温度下油烟排放量越大。

（2）烹调方式：用油量越大，火势越猛，时间越长，扰动越剧烈，翻炒越频繁，油烟的产生量越多。

（3）烹调温度：随加热温度升高，不同油品的大气有机污染物排放量均随之增加。翻炒、炸肉食、炸面食三者比较，炸面食所排放的油烟最多，油条、油饼这类炸制面食多食不仅不利于健康，其制作过程也污染环境。

（4）餐饮业集中程度：餐饮业多集中在人口密集的商业区、居民区，且是低空排放，造成的局部污染较大。

37.

浴室中的 VOCs 来自哪里？

护肤品、化妆品和合成洗涤剂是浴室中常用的日用化学品，而这些日用化学品大多都含有 VOCs 成分，在使用过程中会挥发到空气中，污染物的主要类别为醇类和脂肪烃类。

居室中的 VOCs 来自哪里？

起居室中的新家具是最主要的 VOCs 排放源。家具所用板材中用到的胶黏剂和家具表面的油漆含有大量的有害物质，不断向室内释放，其中包括甲醛、苯、甲苯、乙苯、二甲苯、酮类等。另外，一些电器及电子设备由于元器件使用了树脂和胶合剂，使用时在较高温度下也会释放部分 VOCs。居室铺设的复合地板，其中的胶黏剂也会释放甲醛类 VOCs。

39.

下水道和污水井中的 VOCs 有哪些?

　　下水道和污水井通常会散发恶臭,其气体中除含有主要温室气体甲烷外,还含有苯系物、2-丁酮、乙酸乙酯、乙酸丁酯和甲硫醚等,可刺激人的呼吸道,影响肝、肾和心血管的生理功能。

医院中的 VOCs 来自哪里？

　　医疗救治过程中，为避免医生和患者之间以及不同患者之间造成交叉感染，医院会按照医院消毒技术规范，对环境、人体和器械进行消毒，所使用部分种类消毒剂属于挥发性有机物，将通过无组织逸散的方式排放到大气中。此外，医院病理科在对患者活检的组织进行标本制作时，需要使用甲醛、乙醇、二甲苯，也会造成局部的 VOCs 无组织排放。

学校、图书馆中的 VOCs 来自哪里？

学校、图书馆中典型的 VOCs 是由大量的书籍产生的，书籍除了在印刷出版过程中会因为印刷油墨以及胶黏剂的使用排放 VOCs 外，残留在书（尤其是新书）油墨中的 VOCs 也会在书籍使用过程中继续挥发，特别是上墨面积较大、墨层较厚的印刷品。

理发店中的 VOCs 来自哪里？

　　理发店中每天都会使用大量的染发、烫发试剂，而这些化学试剂是含有 VOCs 成分的，且化学染发剂中的对苯二胺对人体有致癌性；烫发剂中也含有巯基乙酸，具有刺激性，可能破坏造血系统，引发癌症。日常生活中应尽量不染发、不烫发，或减少染发、烫发次数，同时应选用质量合格的产品，以减少因产品质量问题而引起的健康风险。

还有哪些场所会存在 VOCs？

　　几乎所有的建筑物都会排放 VOCs。除此之外，其他存在 VOCs 的场所包括加油站、打印复印室、商场、汽车修理厂等。除装修原因外，不同场所产生 VOCs 的种类和机制并不相同，对人体的危害程度也不相同，要分清各场所产生的主要 VOCs 种类，规避有害污染物。

汽车内的 VOCs 来自哪里？

汽车内的 VOCs 来源包括：

（1）汽车零部件和汽车装饰材料中所含有害物质的释放，如汽车使用的塑料和橡胶件、油漆涂料、保温材料、黏合剂等材料中含有的有机溶剂、助剂、添加剂等挥发性成分，在汽车使用过程中释放到车内环境，造成车内空气污染。

（2）从车外进入的污染物，道路上的污染物会通过未紧闭的汽车门窗或车上其他孔隙进入车内环境，造成车内空气污染。

（3）汽车自身排放的污染物，这些污染物主要来自发动机、汽车尾气和汽车空调系统。

（4）车内驾乘人员及其活动产生的污染。

其中 VOCs 污染的最主要来源是汽车地毯、仪表板的塑料件、车顶毡、座椅和其他装饰等非金属构建、黏合剂、清新剂和车身涂料等，会释放苯、甲醛、丙酮、二甲苯等使人出现头晕乏力等症状，因此在选购时应尽量选择较为简单的汽车内部装饰。

抽烟也会排放 VOCs 吗?

　　烟草不完全燃烧产生的 VOCs 种类很多,其中烯烃和烷烃含量最高,其次是苯系物。虽然浓度不高,但苯系物、氯代苯、卤代烃等毒性较大的污染物检出率较高。因此应在公共场所禁烟,避免人体吸入有毒挥发性成分。

装修为何会产生 VOCs？

装修过程（尤其是室内装修）通常会使用胶黏剂（地板胶、壁纸胶、密封胶）、涂料（墙面漆、木器漆等）和人造板材（刨花板、胶合板、中密度纤维板），其中胶黏剂和涂料中通常含有 VOCs 组分，在涂装和黏结过程中会挥发到环境中，而人造板材由于生产过程中使用的胶黏剂中含有甲醛，会在室内装修过程中和装修后持续释放出甲醛。

第四章　VOCs 对人体的危害

47.

VOCs 对生物有毒害作用吗?

VOCs 种类繁多,有些基本没有毒性,因此对人体及动物基本无害。但有些如甲醛、芳香烃特别是多环芳烃、二噁英类等具有较强的致癌、致畸、致突变等生物毒性,一些卤代烃和含氮氧化合物等也具有毒性,对人体健康有显著的毒害作用。植物本身是可以产生并排放一些 VOCs 的,人为排放的 VOCs 对植物的毒害在通常情况下应该也是微不足道的。但是,VOCs 经大气光化学反应产生的一些污染物,例如 O_3 和过氧乙酰硝酸等一些氧化性较强的气态污染物,不但能危害人体健康,而且可伤害植物,严重时甚至导致其死亡。

48.

美国 EPA 优先控制的 VOCs 有哪些？

美国国家环境保护局（EPA）对有毒物质的相关定义是：有毒空气污染物，也称空气有毒物质，是指那些已知的或者可能引起癌症或其他严重影响健康的污染物，EPA 优先控制的 187 种污染物中有 33 种属于挥发性有机物，主要包括苯系物、烃类、酯类和酮类，其中苯、甲醛、三氯甲烷、四氯乙烯等已被 WHO 确定为对动物具有致癌和致畸性。

VOCs 的人体健康效应有哪些？

　　环境空气中部分 VOCs 具有特殊气味并且表现出刺激性、腐蚀性、器官毒性、致癌性，对人体健康造成较大的影响。某些 VOCs 可使皮肤出现丘疹、瘙痒等症状，对眼、鼻、呼吸道等有刺激作用，导致眼睛、鼻子、喉咙发炎，严重时可引起气喘、神志不清、晕厥、呕吐及支气管炎等；引起胃胀、胃痛，损伤肝、肾，影响中枢神经系统，引发头疼等症状。一些挥发性有机物（如苯、芥子气、氯乙烯、4- 氨基联苯、双氯甲醚和工业品级氯甲醚、甲醛）被认为或者已经被证实对人体具有致癌效应，室内长期暴露于高浓度 VOCs 下会增加得肺癌、白血病和淋巴瘤的概率。

VOCs 进入人体的途径有哪些？

　　VOCs 是室内外空气中普遍存在且成分复杂的一类有机污染物。它易通过呼吸道、消化道和皮肤进入人体而产生毒害。

　　研究表明，一般情况下室内空气中 VOCs 的浓度是室外的 2 ～ 5 倍，新装修的家庭住宅中 VOCs 污染更加严重，浓度是室外的 10 倍以上，室内 VOCs 污染对人体的健康风险引起了人们广泛的关注。长期从事房屋装修和涂料涂刷的工人，涂装车间里的作业工人，工业区、交通干道周边的人员是 VOCs 暴露的高危人群，致癌等健康风险很高。

吸入VOCs会导致癌症吗？

世界卫生组织公布的环境致癌物质报告中，属于一级致癌物的苯、芥子气、氯乙烯、4-氨基联苯、双氯甲醚和工业品级氯甲醚、甲醛，对人类致癌证据确凿；二级致癌物中的丙烯腈、四氯化碳、四氯乙烯、三氯乙烯、环氧乙烷、硫酸二甲酯、多氯联苯类，动物试验致癌证据确凿；三级致癌物中的苯乙烯、三氯乙烯，动物试验致癌证据充分；上述物质都属于VOCs，均具有吸入毒性，会诱发癌症。

甲醛对人体健康有什么影响？

甲醛属于高毒性物质，高居我国有毒化学品优先控制名单第二位。它具有刺激性气味，浓度为 0.06 ~ 1.2 mg/m³ 时，鼻子可闻到异味，对眼睛、呼吸道有刺激作用。浓度为 0.06 ~ 0.07 mg/m³ 时，儿童会轻微气喘；在浓度约为 5 mg/m³ 时，暴露 30 分钟，会流眼泪，引起咽喉不适；浓度过高（大于 30 mg/m³）时，会出现急性症状，如恶心呕吐、胸闷气喘、水肿、肺炎等，严重者危及生命。

根据流行病学调查，有充分的证据证明：高甲醛暴露浓度和鼻咽癌发病率有明显正相关性。动物试验结果显示，甲醛浓度高于 16.7 mg/m³ 会导致实验老鼠明显癌变。目前，甲醛已被世界卫生组织（WHO）的国际癌症研究机构（IARC）及美国健康和公共事业部、美国公共卫生局列入一类致癌物质。

苯系物对人体健康有什么影响？

苯类物质具有神经麻醉作用，主要经过呼吸道和皮肤吸入中毒。在浓度为 160 ～ 480 mg/m³ 的环境中接触 5 小时，会产生头痛、乏力、疲劳等症状；在浓度高于 4 800 mg/m³ 的环境中接触超过 1 小时便会产生严重中毒症状，更甚者危及生命。苯系物的慢性健康效应是通过抑制骨髓造血功能而表现为各类血细胞（白血球、红血球、血小板）减少和发育不全等症状；对外耳道腺、肝脏、乳腺和鼻腔都有致癌作用，被列为世界卫生组织的国际癌症研究机构认证的一级致癌物之首。流行病学调查发现，在由于职业原因暴露于高浓度苯环境的人群中，患白血病的人数不断升高。

PX 对人体健康有什么影响？

对二甲苯（PX）是生产对苯二甲酸（PTA）的主要原料，它们既是石油精炼的产物，也是石油化工业的原料。对二甲苯一般通过皮肤接触、眼睛接触、吸入和直接摄入对人体造成危害。直接接触对二甲苯，会对眼睛和皮肤产生刺激。吸入对二甲苯蒸气会刺激呼吸系统，吸入的对二甲苯在人体肺部的吸收率为 62% ～ 64%，长时间吸入对二甲苯会引起肝、肾以及心血管的慢性疾病。吸入高浓度对二甲苯会影响神经系统，导致头痛、头晕、恶心，甚至导致失忆、反应变迟缓、平衡能力降低。通过对白鼠的实验发现，长时间暴露在高浓度 PX 中，会丧失听力，导致昏迷或者死亡。当白鼠暴露在对二甲苯浓度为 2 ～ 20 mg/L 的空气中 4 小时时，50% 的白鼠死亡。根据世界卫生组织下属的国际癌症研究机构对致癌物质的分类，PX 属于第三类，即无法确定其致癌性，但与第四类（无致癌性）是有区别的。

卤代烃对人体健康有什么影响？

卤代烃类有：

二氯甲烷：可影响中枢神经系统，在人体中产生碳氧血红蛋白（COHb），影响供氧。它在油漆喷涂作业中会大量产生，短期吸入浓度高于 1 050 mg/m³ 的二氯甲烷会导致人暂时性行为感知反应异常，并对鼻咽有刺激作用。其致癌性在动物试验中证据充分，被国际癌症研究机构列为可疑致癌物质。

二氯乙烷：一次大量摄入二氯乙烷会导致头晕、精神不振、昏迷、呕吐、心律不齐、肺水肿、支气管炎、出血性胃炎、结肠炎，甚至脑部组织发生改变。

氯乙烯：轻度接触低浓度氯乙烯会导致眩晕、胸闷、嗜睡、步态蹒跚，接触高浓度氯乙烯可发生昏迷、抽搐甚至死亡。长期接触会损害人体皮肤以及导致肝功能和消化功能异常。氯乙烯为致癌物质，可引发肝血管瘤。

三氯乙烯：三氯乙烯具有遗传毒性和致癌性，会对肝脏、中枢神经系统产生损伤，已被国际癌症研究机构列入二级很可能致癌物质（Group 2A）。

四氯乙烯：低浓度四氯乙烯中毒会导致暂时性情绪与行为异常，头晕头痛，嗜睡甚至昏迷。一次性大量吸入四氯乙烯则会严重刺激上呼吸道，导致肾功能紊乱。它具有肝脏、肾脏致癌风险，被国际癌症研究机构列为二级很可能致癌物质（Group 2A）。

第五章

VOCs 对生存环境的破坏

VOCs会形成光化学烟雾吗?

当空气中的 VOCs 和 NO_x 等浓度较高时，在强烈紫外光照和高温条件下，再遇上不利扩散的条件（如河谷或山谷地形、稳定的高气压天气等），光化学反应产物就会大量积累，从而使 O_3、过氧乙酰硝酸酯、$PM_{2.5}$ 等浓度急剧升高，因而形成刺激性的浅蓝色烟雾，这种污染现象叫作光化学烟雾。1943 年，在美国洛杉矶首次出现这种污染现象，随后数年里多次重复出现，严重影响人体健康，导致许多人员死亡，造成巨大的经济损失。高浓度的 VOCs 是光化学烟雾形成的必要条件。洛杉矶的光化学烟雾就是汽车尾气和工业废气排放的大量 VOCs 与 NO_x 在夏季强光和高温条件下反应的结果。

VOCs如何影响大气氧化性？

光化学烟雾事件、雾霾事件等大气污染事件的发生与大气氧化性有着十分密切的关系，大气氧化性主要体现在环境大气中 O_3、·OH 自由基、过氧自由基等物质的浓度水平上，而 VOCs 对上述氧化性物质生成过程中的促进和抑制起着十分重要的作用。VOCs 浓度水平升高，会打破清洁大气中原有的光化学平衡，它可以与·OH、·RO 等自由基反应生成 HO_2、RO_2 等过氧自由基，并造成 O_3 浓度的积累，进而提升大气氧化性。一般而言，VOCs 浓度水平较高的区域，通常具有较强的大气氧化性，其发生大气污染性事件的可能性也较大。

58.

VOCs 会破坏臭氧层吗？

臭氧层处于大气的平流层，其位于海拔 10 ~ 50 km。平流层以下为对流层。地面排放的污染物要穿过对流层达到平流层需要较长的时间。VOCs 家族中绝大多数都是在对流层比较容易被氧化转化并经过干、湿沉降等过程去除，因此不容易进入平流层。但是，VOCs 中包含一类含氟、氯、溴等元素的卤代化合物（如氟利昂、四氯化碳等），其中一部分在对流层大气中寿命比较长，可以被传输到平流层，从而参与破坏那里的臭氧层。因为一些卤代化合物即使在平流层可去除，但过程也很慢，会在那里积累，对臭氧层造成长期破坏。

VOCs是温室气体吗?

　　多数 VOCs 多数不属于温室气体，但 VOCs 中的少数种类化合物，例如一些卤代烃，也具有温室效应，因而也属于温室气体。大部分温室气体在大气中的寿命较长，而大部分 VOCs 在大气中会很快发生化学反应转化为其他物质。正因为如此，温室气体的影响是全球性的，而且可影响到大气平流层以及更高高度，而多数 VOCs 的影响则主要局限于区域尺度的对流层范围内。

VOCs 会出现在洁净的地区吗？

大气中，VOCs 几乎是到处存在的，不同地区的差别主要体现在 VOCs 物种的数量和浓度水平上。在有人类活动和植物生长的地方就会有较多较高浓度的 VOCs。一些人为排放的 VOCs 可通过大气气团的运动输送到清洁和偏远地区，虽然其浓度水平已经大大下降，但是仍然可以检测到。甚至在南极地区和喜马拉雅山地区的空气中仍然能检测到一些 VOCs。可以说 VOCs 在大气中几乎是无处不在的。

VOCs 能被雨水去除吗？

空气中的气体若要被雨水去除，必须要能在水中溶解。VOCs 中，多数烃类物质在水中的溶解度是很低的，因此并不容易被雨水清除。VOCs 中的一些含氧有机化合物（尤其是其中的有机酸及醇类等）以及部分含硫、氮等的化合物，部分可溶于水，能够较快速地被雨水去除。

VOCs与酸雨有联系吗?

　　VOCs 中的甲酸、乙酸等有机酸吸收参与大气光化学反应产生的酸化物质，可溶解到降水中，因此对雨水的酸化有一定的作用。但是，酸雨更主要的是由 SO_2 和 NO_x 溶于水和氧化产生的强酸引起的，因此，VOCs 对酸雨的直接影响是微弱的。但另一方面，VOCs 参与的大气化学反应是导致大气氧化性增强的重要原因。大气氧化性增强后能促进 SO_2 和 NO_x 等更快速地氧化转化成强酸。可见 VOCs 对酸雨的间接影响也是非常重要的。

VOCs 与气候变化有什么关系?

CH_4 吸收波长为 7.7 μm 的红外辐射,将辐射转化为热量,影响地表温度,从而造成温室效应。除 CH_4 外的 VOCs 的大气寿命很短,对辐射的直接影响很小,主要通过参与光化学反应和生成有机气溶胶来影响气候。VOCs 在光照条件下与 NO_x 发生光化学反应生成温室气体 O_3,从而造成温室效应。除此之外,VOCs 在大气中经过氧化、吸附、凝结等过程生成二次有机气溶胶,气溶胶作为云凝结核,使地气系统的能量失衡,从而影响区域和全球气候,大量的细粒子气溶胶还会形成严重的雾霾天气。

VOCs会影响气候变化吗?

人为活动排放的二氧化碳、甲烷等多种温室气体以及气溶胶可以改变大气辐射收支,引起气候变化。大多数 VOCs 并不能显著地直接改变辐射收支。但是,VOCs 和 NO_x 等在紫外光照的作用下,发生一系列光化学反应,生成 O_3、二次有机气溶胶等污染物,引起对流层 O_3 和气溶胶增加。VOCs 参与形成的气溶胶作为全球气溶胶的一部分,也具有直接的辐射效应,并且还可以通过影响云的形成、液滴尺寸及滞留时间而间接地影响气候,其总的效果是起降温作用。由此可见,VOCs 的长期变化是可以间接地引起气候变化的。

第六章　VOCs 在生活中的防护

如何降低车内 VOCs 的危害？

下面的一些措施可以帮助公众降低汽车内 VOCs 的危害：

（1）要经常打开车门、车窗通风。尤其是新车，用车前打开门窗 5～10 分钟，让新鲜空气和被污染的空气进行交换，这是最简单、快捷、省事的方法。另外，行驶中应尽可能保持车窗开启，少用空调。

（2）车内装饰要简单。现在车内装饰已成为一种时尚，许多车主相互攀比，认为装饰越豪华越有面子，殊不知汽车装饰过程中不可避免地要使用化学品，其内部装饰选用的皮革、桃木、油漆、工程塑料、胶黏剂等都会释放 VOCs。

（3）尽量不用空气清新剂。空气清新剂多由乙醚、香精等成分组成，这些物质及其分解之后产生的气体也是车内 VOCs 的重要来源，长期使用会对人体造成不良影响。

（4）新车内的塑料包装应立即去除。塑料包装，是厂家为防止破损而进行的保护。许多车主认为这些原始包装可以延缓车辆"衰老"，因此不愿将其去除。专家称，这样会使原本可以较快挥发的 VOCs 闷在车内"发酵"，缓慢地释放，造成长期的车内污染。

（5）新车内可以放置活性炭。活性炭是一种非常优良的吸附剂，可以有效地吸附空气中的 VOCs，以达到消毒除臭等目的。活性炭在吸附饱和后要更换，约三个月更换一次。

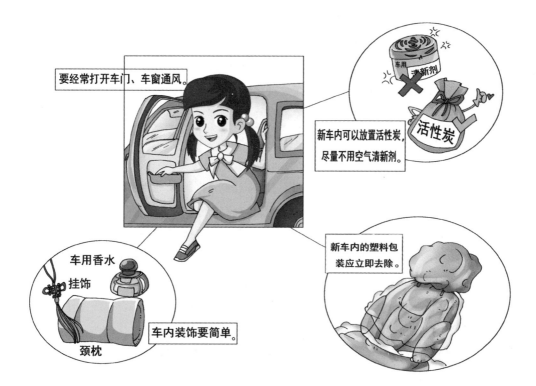

良好的驾驶习惯可以减少 VOCs 排放吗？

同样一辆车，由不同的驾驶员来驾驶，耗油量可相差 8% ～ 15%，相对应排放的尾气量也不同，VOCs 的排放量也有区别。即好的驾驶习惯，能做到"节能减排"，从而"绿化"我们的驾驶行为。

第一，停车即熄火。在等红灯或者等人时，只要超过 1 分钟或是堵车怠速 4 分钟以上，则应马上关掉引擎。只等 1 分钟，重新启动也比怠速要省油，尾气排放少。这种做法目前在欧洲已作为交通法规强制实施。第二，不要急刹车。每一脚急刹车的成本至少是 1 毛钱，其中包括汽车的发动机油嘴刚刚喷出的新鲜汽油以及刹车片的损耗和轮胎损耗等，排放的废气更多。第三，车速要适中。不宜过慢或过快，时速在 70 ～ 90 km 匀速行驶最佳，车速低时，活塞的运动速度低，燃烧不完全。而车速高时，进气的速度增加导致进气阻力增加，这些都使耗油增加，污染加重。第四，高速行驶时不要开窗。打开车窗，风阻将至少提高 30%，如果车速高于 70 km / h，开窗的风阻消耗将超过空调系统的燃油消耗，增加尾气排放。此外，加速时不要猛踩油门、不要低转速换挡、不要低挡行车，不要频繁变道等良好的驾驶习惯，都可以达到节能减排的效果，减少 VOCs 的排放。

67.

改善室内 VOCs 污染的主要方法有哪些？

室内 VOCs 主要来源于建筑装修材料，如有机涂料、装饰材料、纤维材料、办公用品、各种生活用品、家用燃料和烟叶的不完全燃烧、人体排泄物等。

改善室内 VOCs 污染的主要方法有三种：防止污染、通风换气、空气自洁。

首先，防止污染是治理之本，应通过大力开发和推广使用绿色环保产品、推行绿色环保设计对污染源进行控制。

其次，采用经常通风换气的方式是一种降低 VOCs 在室内的累积效应的有效手段，合理通风可以改善因密闭的室内结构带来的弊端。

最后，空气自洁是指随着时间的推移，室内 VOCs 会通过挥发自然降低，即入住要推迟半年以上。还可通过采用一定的净化技术来改善室内的 VOCs 污染，如使用空气净化器分离和去除空气中的污染物，或通过使用表面覆盖剂和空气净化剂与污染物反应或将其密封而达到抑制污染物释放的目的。

如何减少装修产生的VOCs？

（1）装修应尽量简单，并尽量选用 VOCs 含量低的水性黏合剂、环保涂料（如水性涂料），减少人造板材的用量；

（2）在装修后进行一段时间通风，再入住。

空气净化器对 VOCs 有净化效果吗?

当前空气净化器的净化效率（CADR）可以用三项指标衡量：①除菌效率；②净化挥发性有机物（TVOC）效率，通常用甲苯作为测试源；③净化固态颗粒物（又称粉尘）效率，国内通常用香烟来模拟测试。一般的空气净化器对于粗颗粒粉尘的去除效果非常明显，而除菌和去除 VOCs 的效果等则不如粉尘，故很多商家在产品除菌和去除 VOCs 的效果不佳的情况下，仅标示粉尘的净化效率。

因此，并不是所有标有净化 VOCs 的空气净化器都对 VOCs 有很好的净化效果，消费者在挑选空气净化器的时候，不要被净化效率 99% 所迷惑，需要仔细斟酌和慎重选择。如果室内刚刚装修、需要去除甲醛，则应当购买活性炭配量足够的净化器，这类净化器除了能够去除甲醛外，一般也具备去除粉尘功效，属于全能型空气净化器。其次应当考虑空气净化器的净化能力，如果房间较大，应选择单位时间净化风量较大的空气净化器。另外采用过滤、吸附、催化原理的净化器随着使用时间的增加，净化器内滤芯会趋于饱和，设备的净化能力下降，需要定期清洗、更换滤网和滤芯。

什么是油烟净化器？餐饮业是否有必要安装净化器？

　　油烟净化器是用于净化厨房排放油烟的治理设备的通称，主要分为过滤式、湿式、静电式和复合式，是有效降低油烟污染排放的治理手段。餐饮业多集中在商业区、居民区，集中排放时对周围环境污染较大，部分餐饮企业仅安装了抽油烟机而并未安装油烟净化器，烹调过程中产生的油烟直接排入空气中，油烟颗粒以及有害气体也会直接对人体造成伤害，同时油烟中的 VOCs 也会对大气环境造成复合性污染。另外，夏季许多露天烧烤直接排放烧烤烟气，所产生的污染危害更加严重。因此，餐饮业必须安装符合环保要求的油烟净化器。

植物对室内空气净化有没有作用？

当前的研究发现，许多绿色植物确实能够吸附去除空气中的 VOCs，如苯、甲醛等，起到一定的空气净化作用。然而，科学家们对于植物净化空气的机理研究得还不够充分，尚不清楚这些植物在净化空气的同时是否会对人体造成一些潜在的危害。而且，目前的研究大多是针对植物的 24 小时观察，尚不清楚植物能否提供长期持续的空气净化效果。

面对现在市面上存在的一些对植物净化效果任意夸大的宣传，我们要保持科学理性的态度，不要盲目听从商家的宣传口号。要想拥有良好的室内空气环境，使用国家认可的环保装修材料、注意开窗通风、适当使用科学的空气净化装置，才是真正行之有效的方法。

居民的哪些生活活动会造成 VOCs 的排放？

　　居民的很多生活活动都会造成 VOCs 的排放，其中主要包括燃料燃烧（如小煤炉取暖、秸秆焚烧等），食物烹饪、居室装修、服装干洗、家用化学品的使用（喷雾剂、化妆品等）等。这些生活活动虽然都会造成 VOCs 的排放，但其产生机制并不相同，如燃料燃烧过程排放的 VOCs 是燃烧生成的，而装修过程排放的 VOCs 是建筑涂料或胶黏剂等使用过程中溶剂挥发造成的。

73.

使用空气清新剂可以改善环境空气吗？

空气清新剂可能含有 VOCs，其产生的香味只能遮盖环境中的异味，无法改善空气质量。空气清新剂中的 VOCs 成分有可能会对环境产生新的污染，对人体产生危害，因此不建议使用。

只靠绿色植物就可以改善装修后的室内空气吗？

吊兰、芦荟等可以吸收空气中的甲醛，常春藤、龙舌兰等可以捕捉苯系物。植物适合作为空气净化的辅助手段，当空气轻度污染时净化效果较好，一旦空气污染严重，植物会"自身难保"，无法存活。装修后的室内空气中 VOCs 的浓度通常较高，还需要长时间通风换气以及配合使用活性炭、空气净化器等来降低 VOCs 浓度。大多数植物进行的是光合作用，在夜晚时没办法起到相应作用，并且由于植物是夜间吸氧，如果摆放过多，则会过度消耗氧气。

采用互联网上的"偏方"就可以去除甲醛等VOCs污染吗?

在室内 VOCs 污染物中,最受关注的就是甲醛,网络上一度流行很多去除甲醛的"偏方",如用柚子皮、橘子、菠萝等水果吸附甲醛;用水、醋、红茶泡水去除甲醛,食醋熏蒸去除甲醛;甲醛清除剂通过化学反应去除甲醛。但是这些方法通常对去除甲醛并没有什么效果,有些可能反而会产生二次污染。

公众如何参与 VOCs 污染减排与防治？

　　积极倡导低碳、绿色的出行方式，尽量选择乘坐公共交通工具、骑自行车或步行；烹饪时选择更健康的烹调方式；节假日不要过量燃放烟花爆竹；尽量杜绝露天焚烧秸秆、垃圾、落叶等；装修尽量选用环保型材料，不浪费，不过度装修。

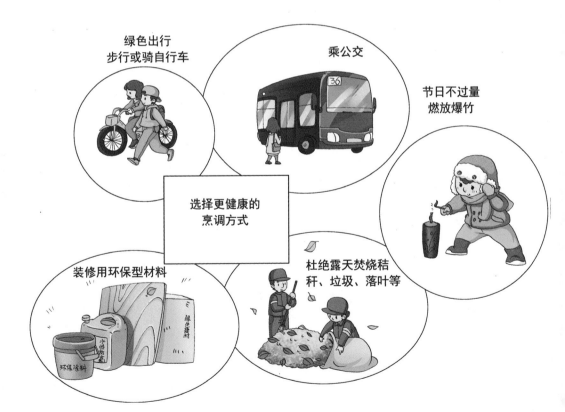

下篇

工具应用篇

第一章 基础知识

VOCs污染防治的技术体系由几部分构成？

VOCs污染防治的技术体系主要包括源头替代、过程控制、末端治理、精细管控四部分构成。

VOCs原辅材料的源头替代材料有哪些？

（1）石化/化工行业

使用低（无）VOCs含量、低反应活性的原辅材料，加快对芳香烃、含卤素有机化合物的绿色替代。

（2）包装印刷行业

可选择水性、辐射固化、植物基等低VOCs含量的油墨。

可选择水基、热熔、无溶剂、辐射固化、改性、生物降解等低VOCs含量的胶粘剂。

可选择低VOCs含量、低反应活性的清洗剂。

（3）工业涂装行业

可选择水性、粉末、高固体分、无溶剂、辐射固化等低VOCs含量的涂料。

低挥发性VOCs材料有哪些产品技术标准？

目前已发布的低挥发性原辅材料的产品技术要求包括：

生态环境部：《环境标志产品技术要求 水性涂料》（HJ 2537—2014）、《环境标志产品技术要求 凹印油墨和柔印油墨》（HJ 371—2018）、《环境标志产品技术要求 胶印油墨》（HJ/T 370—2007）、《环境标志产品技术要求 胶粘剂》（HJ 2541—2016）、《环境标志产品技术要求 家用洗涤剂》（HJ 458—2009）。

工业和信息化部：《水性液态内墙硅藻涂料》（HG/T 5172—2017）、《带锈涂装用水性底漆》（HG/T 5173—2017）、《玻璃和陶瓷制品装饰用水性涂料》（HG/T 5175—2017）、《汽车塑料件用水性涂料》（HG/T 5180—2017）、《水性紫外光（UV）固化木器涂料》（HG/T 5183—2017）。

什么是辐射固化？

辐射固化是一种借助于能量照射实现化学配方物质（涂料、油墨和胶粘剂）由液态转化为固态的加工过程。

辐射固化技术的实用化可以追溯到20世纪60年代，当时德国推出了第一代UV涂料，在木器涂装工业上得到初步应用。以后辐射固化技术逐步由木材单一的基材扩展至纸张、各种塑料、金属、石材，甚至水泥制品、织物、皮革等基材的涂装应用。加工产品的外观也由最初的高光型发展到亚光型、珠光型、烫金型、纹理型等。

辐射固化的能量来源可以是红外（IR）、紫外（UV）、电子束（EB）等。

什么是高固体分涂料？

高固体分涂料指溶剂含量比传统涂料低得多的溶剂型涂料。一般指固体组分质量百分含量为 60% ～ 80% 的溶剂型涂料。实际情况下，不同地区、不同行业、不同部门，高固体分的定义不同。

根据《环境保护综合名录（2017）》，对于汽车涂料，高固体分的定义是"中涂施工固体分高于 65%，单色漆施工固体分高于 60%，闪光漆施工固体分高于 45%，清漆施工固体分需高于 55%"。

根据中国电器工业协会电线电缆分会 2015 年的发文，"目前，漆包线产品国际公认的可适用的最高固体含量为 50% 左右，同时，尚没有成熟的可替代产品"。

根据《建筑用外墙涂料中有害物质限值》（GB24408—2009），高固体分含量的国标要求为 > 30%。

VOCs无组织排放的排放源有哪些？该如何管理？

对含 VOCs 物料（包括含 VOCs 原辅材料、含 VOCs 产品、含 VOCs 废料以及有机聚合物材料等）储存、转移和输送、设备与管线组件泄漏、敞开液面逸散以及工艺过程等五类排放源实施管控，通过采取设备与场所密闭、工艺改进、废气有效收集等措施，削减 VOCs 无组织排放。

含VOCs的物料在密闭场所该如何管理？

含 VOCs 物料应储存于密闭容器、包装袋，高效密封储罐，封闭式储库、料仓等。含 VOCs 物料转移和输送，应采用密闭管道或密闭容器、罐车等。高 VOCs 含量废水（废水液面上方 100 mm 处 VOCs 检测质量浓度超过 200 mg/L，其中，重点区域超过 100 mg/L，以碳计）的集输、储存和处理过程，应加盖密闭。含 VOCs 物料生产和使用过程，应采取有效收集措施或在密闭空间中操作。

VOCs减量排放的先进生产技术有哪些？

目前主要是通过采用全密闭、连续化、自动化等生产技术，以及高效工艺与设备等，有效减少工艺过程无组织排放。

挥发性有机液体装载优先采用底部装载方式。

石化、化工行业重点推进使用低（无）泄漏的泵、压缩机、过滤机、离心机、干燥设备等，推广采用油品在线调和技术、密闭式循环水冷却系统等。

工业涂装行业重点推进使用紧凑式涂装工艺，推广采用辊涂、静电喷涂、高压无气喷涂、空气辅助无气喷涂、热喷涂等涂装技术，鼓励企业采用自动化、智能化喷涂设备替代人工喷涂，减少使用空气喷涂技术。

包装印刷行业大力推广使用无溶剂复合、挤出复合、共挤出复合技术，鼓励采用水性凹印、醇水凹印、辐射固化凹印、柔版印刷、无水胶印等印刷工艺。

如何提高VOCs的废气收集率？

遵循"应收尽收、分质收集"的原则，科学设计废气收集系统，将无组织排放转变为有组织排放进行控制。

采用全密闭集气罩或密闭空间的，除行业有特殊要求外，应保持微负压状态，并根据相关规范合理设置通风量。

采用局部集气罩的，距集气罩开口面最远处的 VOCs 无组织排放位置，控制风速应不低于 0.3 m/s，有行业要求的按相关规定执行。

VOCs 的末端治理技术有哪些？

低浓度、大风量废气，宜采用活性炭吸附、沸石转轮吸附、减风增浓等浓缩技术，提高 VOCs 浓度后净化处理；

高浓度废气，优先进行溶剂回收，难以回收的，宜采用高温焚烧、催化燃烧等技术；

油气（溶剂）回收宜采用冷凝＋吸附、吸附＋吸收、膜分离＋吸附等技术；

光催化、光氧化技术主要适用于恶臭异味等治理；

低温等离子体、生物法主要适用于低浓度 VOCs 废气治理和恶臭异味治理；

非水溶性的 VOCs 废气禁止采用水或水溶液喷淋吸收处理；

采用一次性活性炭吸附技术的，应定期更换活性炭，废旧活性炭应再生或处理处置；

有条件的工业园区和产业集群等，推广集中喷涂、溶剂集中回收、活性炭集中再生等，加强资源共享，提高 VOCs 治理效率。

VOCs常用末端治理的装置有相应的技术规范吗?

截至 2020 年 6 月,生态环境部制定了 3 项常用末端治理装置的工程技术规范。分别是:

《吸附法工业有机废气治理工程技术规范》(HJ 2026—2013)

《催化燃烧法工业有机废气治理工程技术规范》(HJ 2027—2013)

《蓄热燃烧法工业有机废气治理工程技术规范》(HJ 1093—2020)

吸附法装置运维的安全注意事项有哪些?

（1）除溶剂和油气储运销装置的有机废气吸附回收外,进入吸附装置的有机废气中有机物的浓度应低于其爆炸极限下限的 25%。当废气中有机物的浓度高于其爆炸极限下限的 25% 时,应使其降低到其爆炸极限下限的 25% 后方可进行吸附净化。

（2）进入吸附装置的颗粒物含量宜低于 1 mg/m³。

（3）进入吸附装置的废气温度宜低于 40℃。

（4）在吸附操作周期内,吸附了有机气体后吸附床内的温度应低于 83℃。当吸附装置内的温度超过 83℃时,应能自动报警,并立即启动降温装置。

催化燃烧装置运维的安全注意事项有哪些？

（1）排风机之前应设置浓度冲稀设施。当反应器出口温度达到600℃时，控制系统应能报警，并自动开启冲稀设施对废气进行稀释处理。

（2）催化燃烧或高温燃烧装置应具有过热保护功能。

（3）催化燃烧或高温燃烧装置应进行整体保温，外表面温度应低于60℃。

（4）进入催化燃烧装置的废气中有机物的浓度应低于其爆炸极限下限的25%。当废气中有机物的浓度高于其爆炸极限下限的25%时，应通过补气稀释等预处理工艺使其降低到其爆炸极限下限的25%后方可进行催化燃烧处理。

蓄热燃烧装置运维的安全注意事项有哪些？

（1）当废气浓度波动较大时，应对废气进行实时监测，并采取稀释、缓冲等措施，确保进入蓄热燃烧装置的废气浓度低于爆炸极限下限的25%。

（2）应在治理工程与主体生产工艺设备之间的管道系统中安装阻火器或防火阀，阻火器应符合 GB/T 13347—2010 的相关规定，防火阀应符合 GB 15930—2007 的相关规定。

（3）当治理工程进风、排风管道采用金属材质时，应采取法兰跨接、系统接地等措施，防止静电产生和积聚。

（4）管道气体温度超过 60℃或蓄热燃烧装置表面可接触部位的温度高于 60℃时，应做隔热保护或相关警示标识，保温设计应符合 SGBZ-0805 的相关规定。

（5）燃料供给系统应设置高低压保护和泄漏报警装置。

（6）压缩空气系统应设置高低压保护和泄漏报警装置。

什么是蓄热催化燃烧（RCO）、催化燃烧（CO）、蓄热燃烧（RTO）？它们有什么区别？

RCO 是指利用 VOCs 氧化催化剂的作用，催化氧化有机废气中的 VOCs，同时利用蓄热体的蓄热能力对 VOCs 氧化反应产生的能量和加热设备产生的热量进行循环利用的工业有机废气净化装置。

RTO 的原理是在高温下将废气中的有机物（VOCs）氧化成对应的二氧化碳和水，从而净化废气，并回收废气分解时所释放出来的热量。

RCO 与 CO 的区别在于是否使用蓄热装置。RCO 与 RTO 的区别在于是否采用了催化剂。

一般而言，RCO 的投资成本高，燃烧温度低，运营成本低。RTO 的投资成本低，燃烧温度高，运营成本高。

VOCs综合治理的精细管控措施有哪些？

（1）制定源清单与管控方案

各地应围绕当地环境空气质量改善需求，根据 O_3、$PM_{2.5}$ 来源解析，结合行业污染排放特征和 VOCs 物质光化学反应活性等，确定本地区 VOCs 控制的重点行业和重点污染物，兼顾恶臭污染物和有毒有害物质控制等，提出有效管控方案。

（2）推行"一厂一策"制度

各地应加强对企业帮扶指导，对本地污染物排放量较大的企业，组织专家提供专业化技术支持，严格把关，指导企业编制切实可行的污染治理方案，明确原辅材料替代、工艺改进、无组织排放管控、废气收集、治污设施建设等全过程减排要求，测算投资成本和减排效益，为企业有效开展 VOCs 综合治理提供技术服务。

（3）建立运营管理台账

企业应系统梳理 VOCs 排放主要环节和工序，包括启停机、检维修作业等，制定具体操作规程，落实到具体责任人。健全内部考核制度，加强人员能力培训和技术交流。建立管理台账，记录企业生产和治污设施运行的关键参数，在线监控参数要确保能够实时调取，相关台账记录至少保存三年。

国家标准、地方排放、综合排放、行业排放标准之间的关系？

国家标准是基础，地方标准应严于国家标准。

有行业排放标准的，执行行业排放标准；无行业排放标准的执行综合排放标准。

我国 VOCs 相关的国家排放标准有哪些？

由于排放标准的制订工作非常复杂，涉及 VOCs 排放标准总体进展缓慢。新标准的制订强调从源头、过程和末端进行全过程控制，严格了常规污染物的排放限值，大幅度增加了涉及 VOCs 的控制项目，重视无组织排放控制，实行排放限值与管理性规定并重的原则，明确了无组织排放的管理要求。截至 2019 年 11 月，涉及 VOCs 的大气固定源污染物排放国家标准有 18 项。

涉及 VOCs 国家大气污染物排放标准（截至 2019 年 11 月）

标准名称	标准编号
恶臭污染物排放标准	GB 14554—1993
大气污染物综合排放标准	GB 16297—1996
饮食业油烟排放标准（试行）	GB 18483—2001
储油库大气污染物排放标准	GB 20950—2007
汽油运输大气污染物排放标准	GB 20951—2007
加油站大气污染物排放标准	GB 20952—2007
合成革与人造革工业污染物排放标准	GB 21902—2008
橡胶制品工业污染物排放标准	GB 27632—2011
炼焦化学工业污染物排放标准	GB 16171—2012
轧钢工业大气污染物排放标准	GB 28665—2012
电池工业污染物排放标准	GB 30484—2013
石油炼制工业污染物排放标准	GB 31570—2015
石油化学工业污染物排放标准	GB 31571—2015
合成树脂工业污染物排放标准	GB 31572—2015
烧碱、聚氯乙烯工业污染物排放标准	GB 15581—2016
挥发性有机物无组织排放控制标准	GB 37822—2019
制药工业大气污染物排放标准	GB 37823—2019
涂料、油墨及胶粘剂工业大气污染物排放标准	GB 37824—2019

我国 VOCs 相关的地方排放标准有哪些？

截至 2019 年 12 月底，已经发布的与 VOCs 有关的排放标准北京市 15 项，上海市 11 项，山东省 8 项，重庆市、江西省各 6 项，广东省、浙江省各 5 项，天津市、江苏省、湖南省、福建省各 3 项，河北省 2 项，陕西省、四川省、辽宁省各 1 项，见附件。

苯、甲苯和二甲苯可能比非甲烷总烃大吗？

在一定的条件下，苯、甲苯和二甲苯是可以比非甲烷总烃大的。

非甲烷总烃（NMHC）定义为从总烃测定结果中扣除甲烷后剩余值，而总烃是指规定条件下在气相色谱氢火焰离子化检测器上产生响应的气态有机物总和。按通常理解，NMHC 是指除甲烷以外的所有可挥发的碳氢化合物（通常为 C2 ~ C8）。

从含义上看，苯、甲苯和二甲苯属于烃类，是包含在 NMHC 里面的。但是，检测方法规定，"在规定的条件下所测得的 NMHC 是与气相色谱氢火焰离子化检测器有明显响应的除甲烷外碳氢化合物总量，以碳计。"

NMHC 是以碳计，而苯、甲苯和二甲苯依据毛细管柱色谱图的峰值进行计算，算出来的是总体质量浓度。即非甲烷总烃只算出其中碳的量，而苯、甲苯和二甲苯计算的是碳和氢的量，而氢的比例不低。

当污染源是以苯系物为主时，苯、甲苯和二甲苯是可以比非甲烷总烃高的。

第二章　石化行业 VOCs 防控

现阶段重点管控的石化行业包含哪些？

依据生态环境部《重点行业挥发性有机物综合治理方案》（环大气〔2019〕53 号），我国现阶段重点控制的石化行业主要指"石油炼制及有机化学品、合成树脂、合成纤维、合成橡胶等行业"。

石化行业 VOCs 的排放环节通常有哪些？

（1）设备动静密封点泄漏；

（2）有机液体储存与调和挥发损失；

（3）有机液体装卸挥发损失；

（4）废水集输、储存、处理处置过程逸散；

（5）燃烧烟气排放；

（6）工艺有组织排放；

（7）工艺无组织排放；

（8）采样过程排放；

（9）火炬排放；

（10）非正常工况（含开停工及维修）排放；

（11）冷却塔、循环水冷却系统释放；

（12）事故排放。

石油炼制行业 VOCs 排放环节、特征污染物及其浓度是什么？

根据《石油炼制工业废气治理工程技术规范》（HJ1094—2020）的规定：

（1）有组织排放部分

1）氧化沥青尾气：非甲烷总烃（NMHC）50 000 ～ 120 000 mg/m³

2）重整催化剂再生烟气：NMHC 30 ～ 300 mg/m³

3）汽油氧化脱硫醇尾气：NMHC 300 000 ～ 600 000 mg/m³

4）液态烃氧化脱硫醇尾气：NMHC 20 000 ～ 40 000 mg/m³

5）火炬烟气：NMHC 10 ～ 5 000 mg/m³

（2）无组织排放部分

1）设备和管阀件泄露排气：NMHC 0 ～ 50 000 mg/m³

2）装置检测修排气：油气浓度可达 510 000 mg/m³ 以上

3）循环水凉水塔排气：NMHC 0 ～ 10 mg/m³，有机液体换热器泄露严重时＞ 30 mg/m³

4）污水集输系统排气：NMHC ＞ 20 mg/m³

5）污水处理厂高浓度废气：NMHC 500 ～ 40 000 mg/m³

6）污水处理厂低浓度废气：NMHC 10 ～ 300 mg/m³

7）汽油、石脑油装载作业排气：NMHC 100 000 ～ 1200 000 mg/m³

8）柴油装载作业排气：NMHC 4 000 ～ 30 000 mg/m³

9）喷气燃料、煤油装载作业排气：NMHC10 000 ～ 60 000 mg/m³

10）溶剂油装载作业排气：NMHC10 000 ～ 80 000 mg/m³

11）苯装载作业排气：苯 200 000 ～ 800 000 mg/m³

12）甲苯装载作业排气：甲苯 60 000 ～ 300 000 mg/m^3

13）二甲苯装载作业排气：二甲苯 20 000 ～ 120 000 mg/m^3

14）酸性水固定顶罐排气：NMHC100 000 ～ 800 000 mg/m^3，苯系物 500 ～ 40 000 mg/m^3

15）污油固定顶罐排气：NMHC 80 000 ～ 600 000 mg/m^3

16）粗柴油固定顶罐排气：NMHC 10 000 ～ 80 000 mg/m^3，苯系物 500 ～ 1 000 mg/m^3

17）成品汽油、石脑油内浮顶罐排气：NMHC 1 000 ～ 50 000 mg/m^3，苯系物 200 ～ 400 mg/m^3

18）苯、甲苯、二甲苯等芳烃内浮顶罐排气：NMHC 500 ～ 50 000 mg/m^3

19）成品喷气燃料内浮顶罐排气：NMHC 1 000 ～ 4 000 mg/m^3，苯系物 100 ～ 140 mg/m^3

20）成品柴油内浮顶罐排气：NMHC 500 ～ 4 000 mg/m^3，苯系物 20 ～ 100 mg/m^3

21）成品溶剂油固定顶罐排气：NMHC 10 000 ～ 50 000 mg/m^3，苯系物 500 ～ 3 000 mg/m^3

22）碱渣固定顶罐排气：NMHC 10 000 ～ 20 000 mg/m^3，苯系物 1 000 ～ 3 000 mg/m^3

23）高温沥青固定顶罐排气：NMHC 2 000 ～ 200 000 mg/m^3，苯系物 500 ～ 1 500 mg/m^3

24）高温蜡油固定顶罐排气：NMHC 2 000 ～ 200 000 mg/m^3，苯系物 500 ～ 40 000 mg/m^3

石油炼制行业的源头控制要求有哪些？

（1）用于储存真实蒸气压大于 76.6 kPa 的挥发性有机液体储罐，应采用压力罐或排放气控制装置。

（2）用于储存真实蒸气压不小于 2.8 kPa 但不大于 76.6 kPa 的挥发性有机液体且设计容积不小于 75 m³ 的储罐，应采用内浮顶罐或外浮顶罐；或采用固定顶罐，并应安装密闭排气系统至有机废气回收（或处理）装置，其排放气体应达标排放。

石油炼制行业 VOCs 治理技术如何选择？

根据《石油炼制工业废气治理工程技术规范》，在工艺设计前，应对石油炼制废气的组成、气量及变化规律进行调查、分析和监测。石油炼制废气中 VOCs 浓度小于 30 000 mg/m³ 时，一般采用燃烧（氧化）破坏法处理，燃烧（氧化）装置包括催化氧化装置、蓄热燃烧装置、加热炉、焚烧炉、锅炉等；当 VOCs 浓度大于或等于 30 000 mg/m³ 时，一般宜优先采用吸附、吸收、冷凝、膜分离以及它们的组合工艺回收处理，不能达标再采用燃烧（氧化）破坏法。

石化行业中 VOCs 相关排放标准有哪些？

国家对石化行业中的 VOCs 排放先后出台了 4 项标准，并以产排污环节对应的生产设施或排放口为单位，明确各排放口各污染物许可排放浓度。

石化行业 VOCs 国家排放标准及排污许可制度

序号	标准 / 排污许可
石化行业 VOCs 国家排放标准	
1	《石油炼制工业污染物排放标准》（GB 31570—2015）
2	《石油化工工业污染物排放标准》（GB 31571—2015）
3	《合成树脂工业污染物排放标准》（GB 31572—2015）
4	《挥发性有机物无组织排放控制标准》（GB 37822—2019）
石化行业排污许可	
1	《排污许可证申请与核发技术规范 石化工业》（HJ 853—2017）

地方出台了 3 项标准。

各地方石化行业 VOCs 排放标准

序号	地区	标准
1	北京市	《炼油与石油化学工业大气污染物排放标准》（DB 11/447—2015）
2	天津市	《工业企业挥发性有机物排放控制标准》（DB12/524—2014）
3	河北省	《工业企业挥发性有机物排放控制标准》（DB13/2322—2016）

第三章　化工行业 VOCs 防控

现阶段重点管控的化工行业包含哪些？

依据生态环境部《重点行业挥发性有机物综合治理方案》（环大气〔2019〕53号），我国现阶段重点控制的化工行业主要指"制药、农药、涂料、油墨、胶粘剂、橡胶和塑料制品等行业"。

涂料工业的原辅材料有哪些？

涂料生产过程中主要的原料和辅料包括颜料、树脂、溶剂、助剂等，含 VOCs 的原辅材料主要为各类树脂、有机溶剂和助剂，有机溶剂包括烷烃为主的脂肪烃混合物、芳香烃、醇类、醚醇类、酮类、酯类、萜烯类及氯代烷烃和硝基烷烃等；树脂包括醇酸树脂、氨基树脂、丙烯酸树脂、酚醛树脂、环氧树脂、聚氨酯树脂等。

涂料工业的生产过程（工艺）有哪些？

涂料的生产是颜料、树脂、溶剂、助剂等原辅材料的研磨混合过程。

根据涂料产品形态和使用的分散介质分为溶剂型涂料（包括辐射固化涂料）、水性涂料和粉末涂料。其中溶剂型涂料和水性涂料的生产过程主要包括原辅材料储存、计量、输送、预混合、研磨、调配、过滤、储存、包装等工序。粉末涂料的生产过程主要包括原辅材料压碎、预混合、加热、研磨等工序。

油墨工业的原辅材料有哪些？

油墨生产过程中主要原料和辅料包括色料、连结料（植物油、矿物油、树脂、溶剂）、助剂等，其中含 VOCs 的原辅料主要是各类助剂（流平剂、消泡剂、阻聚剂等）和树脂，其中树脂包括聚酰胺树脂、氯化聚丙烯树脂、聚酯聚氨酯树脂、丙烯酸共聚树脂、醇/水型丙烯酸树脂等。

油墨工业的生产过程（工艺）有哪些？

油墨的生产是由色料、连结料（植物油、矿物油、树脂、溶剂）和填充料等原辅材料的研磨混合过程。根据油墨产品形态不同可分为浆状油墨、液状油墨和固体油墨；根据使用连结料不同可分为溶剂型油墨、水性油墨、辐射固化油墨。油墨的生产过程主要包括色料、连结料、助剂的预混合、搅拌、研磨、调配、包装等工序。

涂料油墨工业的 VOCs 在哪里产生？

涂料工业企业的 VOCs 主要产生于含 VOCs 原辅材料（溶剂、助剂和树脂等）的预混合、研磨、加热、调配、过滤、包装、移动缸和固定釜清洗过程、原辅料和危险废物贮存。

油墨工业企业 VOCs 主要产生于含 VOCs 原辅料（助剂和树脂等）预混合、搅拌、分散工序，油墨产品的包装过程以及危险废物贮存。

油墨涂料工业的 VOCs 包含哪些工艺排放段？

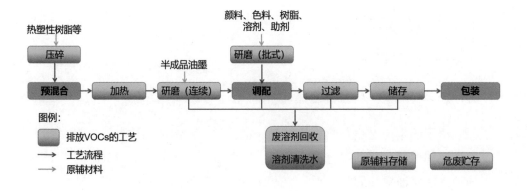

涂料油墨行业各工序 VOCs 产生的浓度是多少？

涂料油墨工业 VOCs 产生工艺主要包括溶剂型涂料、水性工业涂料、粉末涂料、水性建筑涂料，溶剂型油墨、水性油墨。

生产工艺	原辅材料及工艺类型	产污环节	单位产品 VOCs 基准产生量 / （kgVOCs/t 产品）	VOCs 产生浓度水平 / （mg/m³）
溶剂型涂料	树脂 / 溶剂 / 颜料 / 助剂	投料混合、研磨、调配、包装等	10	200~800
水性工业涂料	水性树脂 / 溶剂 / 颜料 / 助剂	投料、包装	5	50~300
粉末涂料	树脂 / 溶剂 / 颜料 / 助剂	压碎	0.5	5~50
水性建筑涂料	水性树脂 / 溶剂 / 颜料 / 助剂	投料、包装	0.5	5~50
溶剂型油墨	除胶版油墨的溶剂型油墨：树脂 / 溶剂 / 颜料 / 助剂	搅拌、研磨、包装等	10	200~800
	胶版油墨：矿物油 / 植物油 / 颜料 / 助剂	搅拌、研磨、包装等	0.5	5~50
水性油墨	水性树脂 / 溶剂 / 颜料 / 助剂	搅拌、调配、包装	5	50~300

35. 涂料油墨行业 VOCs 控制技术有哪些？

序号	产品类型	预防技术	治理技术	污染物排放浓度水平（mg/m³）					技术适用条件
				颗粒物	NMHC	TVOC	苯系物	苯	
1	溶剂型涂料	①桶泵投料技术+②密闭式卧式研磨机研磨技术+③自动或半自动包装技术+④固定缸/移动缸气体收集技术	①除尘技术+②燃烧技术	≤20	1～40	1～50	≤10	≤0.5	适用于溶剂型工业涂料，如卷钢、船舶、机械、汽车、家具、包装印刷、电子等行业用涂料。典型治理技术路线为除尘技术+RTO。非连续生产或废气浓度水平波动较大时，应用该治理技术处理废气的能耗会增加
2			①除尘技术+②吸附技术+③燃烧技术	≤20	1～50	1～60	≤15	≤0.5	适用于溶剂型工业涂料，如卷钢、船舶、机械、汽车、家具、包装印刷、电子等行业用涂料。典型治理技术路线为除尘技术+沸石转轮吸附+RTO、除尘技术+活性炭吸附技术+RTO、除尘技术+CO。对于中大型企业适合采用RTO燃烧技术，余热回用后运行费用较低
3	水性工业涂料	①涂料水性树脂（连结料）替代技术+②桶泵投料技术+③密闭式卧式研磨机研磨技术+④自动或半自动包装技术+⑤固定缸/移动缸气体收集技术	①除尘技术+②吸附技术	≤20	1～20	1～15	≤10	≤0.5	适用于水性工业涂料，如水性家具漆、水性汽车漆等。典型治理技术路线为除尘技术+活性炭吸附技术

序号	产品类型	预防技术	治理技术	污染物排放浓度水平（mg/m³）					技术适用条件
				颗粒物	NMHC	TVOC	苯系物	苯	
4		①涂料水性树脂（连结料）替代技术+②桶泵投料技术+③密闭卧式研磨机研磨技术+④自动或半自动包装技术+⑤固定缸/移动缸气体收集技术	①除尘技术+②吸附技术+③燃烧技术	≤20	1~50	1~60	≤15	≤0.5	适用于水性家具漆、水性汽车漆等水性漆，同溶剂型工业涂料生产废气混合处理
5	粉末涂料	①自动或半自动包装技术+②固定缸/移动缸气体收集技术	①除尘技术	≤30	1~10	1~15	≤5	≤0.2	适用于粉末涂料生产废气，如粉末船舶涂料等
6	水性建筑涂料	①涂料水性树脂（连结料）替代技术+②桶泵投料技术+③自动或半自动气体收集技术	①除尘技术	≤20	1~10	1~15	≤5	≤0.2	适用于水性建筑涂料生产废气，如内墙涂料等
7		①桶泵投料技术+②密闭卧式研磨机研磨技术+③自动或半自动包装技术+④固定缸/移动缸气体收集技术	①除尘技术+②燃烧技术	≤20	1~40	1~50	≤10	≤0.5	适用于溶剂型凹版油墨、溶剂型柔版油墨以及光油等油墨生产。典型治理技术路线为除尘技术+RTO。非连续生产或废气浓度水平波动较大时应用该技术处理废气的能耗会增加
8	溶剂型油墨	①桶泵投料技术+②固定缸/移动缸气体收集技术+③自动或半自动包装技术	①除尘技术+②吸附技术+③燃烧技术	≤20	1~50	1~60	≤15	≤0.5	适用于溶剂型凹版油墨、溶剂型柔版油墨以及光油等生产。典型治理技术路线为除尘技术+沸石转轮吸附+RTO。对于中大型企业适合采用RTO燃烧技术，余热回用后运行费用较低
9		①桶泵投料技术+②自动或半自动包装技术	①除尘技术+②吸附技术	≤20	1~10	1~15	≤10	≤0.5	适用于除连结料生产工序之外的胶版印刷油墨生产工序。典型治理技术路线为除尘技术+活性炭吸附技术

序号	产品类型	预防技术	治理技术	污染物排放浓度水平（mg/m³）				技术适用条件
				颗粒物	NMHC	TVOC	苯系物	苯	
10	水性油墨	①油墨水性树脂（连结料）替代技术+②桶泵投料技术+③密闭卧式研磨机研磨技术+④自动或半自动包装技术+⑤固定缸/移动缸气体收集技术	①除尘技术+②吸附技术	≤20	1～20	1～15	≤10	≤0.5	典型治理技术路线为除尘技术+活性炭吸附技术
11			①除尘技术+②吸附技术+③燃烧技术	≤20	1～50	1～60	≤15	≤0.5	同溶剂型工业油墨废气混合处理

制鞋行业 VOCs 源头替代和过程控制技术有哪些？

（1）推广使用低 VOCs 原辅材料。

使用水性胶粘剂等低（无）VOCs 含量的原辅材料，推动使用低毒、低挥发性溶剂，使用的胶粘剂应符合《鞋和箱包用胶粘剂》（GB19340）和《环境标志产品技术要求 胶粘剂》（HJ2541）相关要求。

（2）采用先进制鞋工艺。鼓励使用自动化、数字化柔性多工位制鞋生产工艺，使用密闭性高的生产设备。

制鞋行业 VOCs 末端治理技术有哪些？

VOCs 治理技术的选择需要综合考虑废气浓度、排放总量、风量等因素。浓度低、排放总量小、使用环境友好型原辅材料的企业，可采用活性炭吸附等处理技术或吸附浓缩＋燃烧等组合技术。

（1）活性炭吸附。适用于低浓度 VOCs 处理，吸附设施的风量按照最大废气排放量的 120% 进行设计，处理效率不低于 90%。采用颗粒状吸附剂时，气体流速宜低于 0.60 m/s；采用纤维状吸附剂时，气体流速宜低于 0.15 m/s；采用蜂窝状吸附剂时，气体流速宜低于 1.20 m/s。进入吸附系统的废气温度应控制在 40℃以内。

（2）催化燃烧（CO）。包括蓄热式催化燃烧（RCO），适用 VOCs

排放量较大的企业，高浓度废气可直接进入催化燃烧；低浓度废气可采用吸附浓缩燃烧。进入催化燃烧前有机物浓度应低于其爆炸极限下限的 25%，当废气中的颗粒物含量高于 10 mg/m³ 时，可采用过滤等方式进行预处理，燃烧装置处理效率不低于 97%，蓄热催化燃烧室温度应控制在 300 ～ 500℃，气体停留时间不小于 0.75s，炉体外表面温度须小于60℃。

塑料制品行业 VOCs 的源头替代和过程控制技术有哪些？

（1）优先采用环保型原辅料，禁止使用附带生物污染、有毒有害的废物料作为生产原料。进口废塑料作为生产原料的企业应具有固体废物进口许可证，进口的废塑料应符合《进口可用作原料的固体废物环境保护控制标准 废塑料》（GB16487.12—2005）要求。

（2）抗氧剂、增塑剂、发泡剂等有机助剂应密封储存，热熔、注塑、烘干等涉 VOCs 排放的各生产工序环节应在封闭车间进行。

（3）塑料加工工艺应当遵循先进、稳定、无二次污染的原则，优先选用自动化程度高、密闭性强、废气产生量少的生产工艺和装备，鼓励企业选用密闭自动配套装置和生产线。

（4）鼓励企业通过各种添加剂的调节和装备的提升，降低各工序操作温度，降低生产过程 VOCs 的产生；优先采用水冷工艺。

（5）控制热熔温度，为防止热熔过程发生分解，在热熔过程中应对造粒机控制面板加热温度进行监控，防止加热温度过高。此外，为控制含氯塑料热熔过程释放含氯气体，其加热过程应低于 185℃。

塑料制品行业可选择的末端治理技术有哪些？

（1）根据聚乙烯、聚丙烯、聚氯乙烯、聚苯乙烯、酚醛、氨基塑料等各类型产品生产过程的有机溶剂挥发与高分子化合物热解所排放的 VOCs 特征，选择适当的回收、净化处理技术。

（2）塑化挤出（包括注塑、挤塑、吸塑、吹塑、滚塑、发泡等）工序废气需采用合理、有效的处理设施，保证废气达标排放。破碎、配料等工序应具备粉尘污染防治措施，优先选用布袋除尘工艺。过滤、压延、粘合等尾气可采用静电除雾器对有机物进行回收处理，发泡废气优先采用高温焚烧技术处理。采用活性炭吸附技术处理废气时，应在前段设置降温、除湿、除尘等预处理措施。鼓励使用组合工艺，如多级喷淋吸收＋蒸馏回收、冷凝回收＋活性炭吸附、活性炭吸附＋水喷淋、吸附浓缩＋蓄热式热力燃烧、吸附浓缩＋热力燃烧等组合工艺。

化工行业 VOCs 相关排放标准有哪些？

国家对化工行业 VOCs 排放先后制定了 9 项标准。

化工行业 VOCs 国家排放标准

序号	标准
1	《制药工业大气污染物排放标准》（GB37823—2019）
2	《涂料、油墨及胶黏剂工业大气污染排放标准》（GB37824—2019）
3	《无机化学工业污染物排放标准》（GB31573—2015）
4	《危险废物焚烧污染控制标准》（GB18484—2001）
5	《橡胶制品工业污染物排放标准》（GB27632—2011）
6	《电池工业污染物排放标准》（GB30484—2013）
7	《合成树脂工业污染物排放标准》（GB31572—2015）
8	《烧碱、聚氯乙烯工业污染物排放标准》（GB15581—2015）
9	《挥发性有机物无组织排放控制标准》（GB 37822—2019）

地方出台了 9 项标准。

各地方化工行业 VOCs 排放标准

序号	地区	标准
1	北京市	《有机化学品制造业大气污染物排放标准》（DB 11/1385—2017）
2	天津市	《工业企业挥发性有机物排放控制标准》（DB 12/524—2014）
		《铅蓄电池工业污染物排放标准》（DB 12/856—2019）
3	上海市	《半导体行业污染物排放标准》（DB 31/374—2006）
		《生物制药行业污染物排放标准》（DB 31/373—2010）
		《涂料、油墨及其类似产品制造工业大气污染物排放标准》（DB 31/881—2015）
4	山东省	《挥发性有机物排放标准第 6 部分：有机化工业》（DB37/2801.6—2016）
5	江苏省	《化学工业挥发性有机物排放标准》（DB 32/3151—2016）
6	河北省	《工业企业挥发性有机物排放控制标准》（DB13/2322—2016）

第四章 包装印刷行业 VOCs 防控

包装印刷行业的工序有哪些？

包装印刷生产一般包括印前、印刷、印后加工三个工艺过程。根据印刷所用版式类型可将印刷分为平版印刷、凹版印刷、凸版印刷（包括树脂版印刷和柔性版印刷）和孔版印刷（主要为丝网印刷）。印前过程主要包括制版及印前处理（洗罐、涂布等）等工序。印刷过程主要包括油墨调配和输送、印刷、在机上光、烘干等工序，以及橡皮布清洗和墨路清洗等配套工序。印后过程主要包括精装、胶装、骑马订装等装订工序；覆膜、上光、烫箔、模切等表面整饰工序；胶黏剂及光油调配和输送、复合、烘干、糊盒、制袋、装裱、裁切等包装成型工序。

包装印刷行业含VOCs的原辅材料有哪些？

包装印刷工业企业使用的主要原料和辅料包括纸张、纸板、塑料薄膜、铝箔、纺织物、金属板材、各类容器、油墨、胶黏剂、稀释剂、清洗剂、润湿液、显影液、定影液、光油、涂料等。其中含VOCs的原辅材料包括油墨、胶黏剂、稀释剂、清洗剂、润湿液、光油、涂料等。

包装印刷行业 VOCs 排放工艺段有哪些？

包装印刷工业企业的 VOCs 主要产生于含 VOCs 原辅材料（油墨、胶黏剂、光油等）的调配和输送，印刷、润版、烘干、清洗等工序及原辅材料贮存、危险废物贮存。其中出版物、纸包装等的平版印刷工艺 VOCs 主要来自润版和清洗工序。塑料包装的凹版印刷工艺 VOCs 主要来自印刷和复合工序。VOCs 排放工艺段见下图。

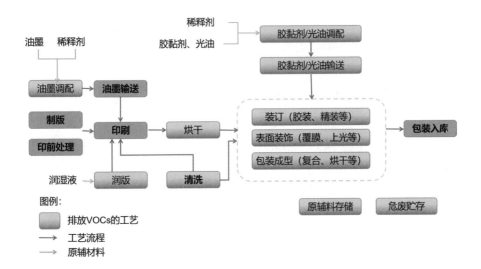

包装印刷行业各生产工艺 VOCs 的产生浓度是多少？

生产工艺	原辅材料及工艺类型		产污环节	单位油墨 VOCs 基准产生量 /（t VOCs/t 油墨）	VOCs 产生浓度水平 /（mg/m³）
平版印刷	单张纸胶印	辐射固化油墨 / 植物油基胶印油墨	印刷、清洗、润版等	无 / 低醇润湿液 0.05 ～ 0.30	20 ～ 50
				传统润湿液 0.50 ～ 0.80	50 ～ 150
	热固轮转胶印（有二次燃烧）	植物油基胶印油墨	烘干、印刷、清洗、润版等	0.03 ～ 0.07	10 ～ 30
	冷固轮转胶印	植物油基胶印油墨	印刷、清洗、润版等	0.05 ～ 0.12	15 ～ 30
凹版印刷	溶剂型油墨		烘干	1.50 ～ 2.00	800 ～ 5 000
			印刷、清洗等		300 ～ 800
	水性油墨		烘干	0.10 ～ 0.30	100 ～ 500
			印刷、清洗等		50 ～ 200
凸版印刷	溶剂型油墨		烘干	1.00 ～ 1.20	400 ～ 800
			印刷、清洗等		100 ～ 200
	水性油墨		烘干	0.05 ～ 0.30	30 ～ 40
			印刷、清洗等		30 ～ 40
丝网印刷	溶剂型油墨		烘干环节	0.60 ～ 1.00	400 ～ 600
			印刷、清洗等		100 ～ 300
	UV 油墨		印刷、烘干、清洗等	0.05 ～ 0.10	20 ～ 50
复合 / 覆膜	干式复合	溶剂型胶黏剂	涂胶、烘干等环节	1.00 ～ 1.20[a]	300 ～ 1 000
	湿法复合	水性胶黏剂	涂胶、烘干等环节	0.03 ～ 0.05[a]	20 ～ 30
	无溶剂复合、共挤出复合	无溶剂聚氨酯复合胶树脂	复合、覆膜等环节	≤ 0.01[a]	≤ 20
上光	溶剂型光油		烘干环节	0.80 ～ 1.50[b]	500 ～ 1 000
			上光、调配、清洗等环节		200 ～ 500

生产工艺	原辅材料及工艺类型	产污环节	单位油墨 VOCs 基准产生量 /（t VOCs/t 油墨）	VOCs 产生浓度水平 /（mg/m³）
	水性光油、UV 光油	烘干、上光、清洗等环节	0.10 ~ 0.30b	20 ~ 30

a. 单位胶黏剂 VOCs 基准产生量，单位为 t VOCs/t 胶黏剂；

b. 单位光油 VOCs 基准产生量，单位为 t VOCs/t 光油。

包装印刷行业各生产工序 VOCs 排放的特征污染物有哪些？

生产工序		含 VOCs 原辅材料类型	VOCs 含量 /%	特征污染物
印刷	平版	热固轮转胶印油墨	≤ 5	高沸点石油类
		单张纸胶印油墨、冷固轮转胶印油墨、UV 油墨	≤ 2	少量烷烃类、酮类、酯类
	凹版	溶剂型凹印油墨	65 ~ 85	醇类、酯类和芳烃类
		水性凹印油墨	≤ 30	醇类、醚类
	凸版	溶剂型凸印油墨	50 ~ 70	醇类
		水性凸印油墨	≤ 10	少量醇类
	丝网	溶剂型丝印油墨	40 ~ 60	酮类、醇类、醚类、酯类和芳烃类
		UV 丝印油墨	≤ 2	少量排出
复合		溶剂型胶黏剂	40 ~ 70	乙酸乙酯、乙醇
		水性胶黏剂	≤ 5	少量醇类
		无溶剂胶黏剂	≤ 0.5	基本不排出
润版		传统润湿液	10 ~ 15	异丙醇、乙醇
		无 / 低醇润湿液	5 ~ 10	异丙醇、乙醇
清洗		清洗剂	90 ~ 100	苯类、烃类、酯类
上光		溶剂型光油	40 ~ 60	醇类、酮类、苯类、酯类
		水性光油、UV 光油	≤ 3	少量排出

46. 包装印刷行业 VOCs 控制技术有哪些？

序号	工艺类型	预防技术	治理技术	污染物浓度水平/（mg/m³）				技术适用条件
				苯	甲苯	二甲苯	非甲烷总烃	
1		①植物油基胶印油墨替代技术+②无/低醇润湿液替代技术+③自动橡皮布清洗技术	—	<0.2	<1	<1	20~30	适用于书刊、报刊、本册等的平版印刷工艺，可采用无醇润湿液替代技术
2		①植物油基胶印油墨替代技术+②醇润版胶印技术+③自动橡皮布清洗技术	—	<0.2	<1	<1	15~30	适用于报刊的平版印刷工艺。采用该技术需投入印刷机水辊系统的一次性改造费用及定期更换水辊的耗材费用
3	平版印刷	①植物油基胶印油墨替代技术+②无水胶印技术+③自动橡皮布清洗技术	—	<0.2	<1	<1	15~30	适用于书刊、本册、标签的平版印刷工艺。该技术对环境的温度要求较高，油墨传输过程需要冷却处理。采用该技术需使用专门的制版印刷机、版材及油墨，成本较有水印刷高约20%~30%
4		①辐射固化油墨替代技术+②零醇润版胶印技术+③自动橡皮清洗技术	—	<0.2	<1	<1	40~50	适用于烟盒、纸盒的平版印刷工艺，不适用于直接接触食品的产品的印刷。采用该技术投入印刷机水辊系统的一次性改造费用及定期更换水辊的耗材费用
5		①辐射固化油墨替代技术+②无/低醇润湿液替代技术+③自动橡皮布清洗技术	—	<0.2	<1	<1	20~30	适用于烟包、标签、票证的平版印刷工艺，不适用于直接接触食品的产品的印刷

下篇·工具应用篇 133
第四章 包装印刷行业 VOCs 防控

序号	工艺类型	预防技术	治理技术	污染物浓度水平/（mg/m³）				技术适用条件
				苯	甲苯	二甲苯	非甲烷总烃	
6	平版印刷	①植物油基胶印油墨替代技术+②无/低醇润湿液替代技术+③自动橡皮布清洗技术	①燃烧技术	<0.5	<1	<1	10~30	适用于书刊、本册的热固轮转胶印工艺，可采用无醇润湿液替代技术。烘箱一般自带二次燃烧装置
7	凹版印刷	①水性印凹印油墨替代技术	①吸附技术+②燃烧技术	<0.5	<1	<1	15~40	适用于塑料表印、塑料轻包装及纸张凹版印刷工艺废气处理。典型治理技术路线为旋转分子筛吸附浓缩+RTO、活性炭吸附+热气流再生+CO
8		—	①吸附技术+②冷凝回收技术	<0.5	<1	<1	20~40	适用于采用单一溶剂的凹版印刷的凹版印刷线为工艺废气处理、典型治理技术路线为活性炭吸附+水蒸气再生/热氮气再生+冷凝回收，一般用于年溶剂使用量1 500 t以上的大型企业
9		—	①燃烧技术	<0.5	<1	<1	10~40	适用于溶剂型凹版印刷工艺烘箱有组织废气的处理。典型治理技术路线为减风增浓+RTO/CO。对于中大型企业适合采用RTO燃烧技术，余热回用后运行费用较低
10		—	①吸附技术+②燃烧技术	<0.5	<1	<1	15~40	适用于溶剂型凹版印刷工艺烘箱有组织废气与其他无组织废气混合后处理，或无组织废气单独处理。典型治理技术路线为旋转式分子筛吸附浓缩+RTO/CO
11	凸版印刷	—	①吸附技术+②燃烧技术	<0.5	<1	<1	30~40	适用于溶剂型凸版印刷工艺废气的处理、典型治理技术路线为旋转式分子筛吸附浓缩+RTO/CO、活性炭吸附+热气流再生+CO

序号	工艺类型	预防技术	治理技术	污染物浓度水平/（mg/m³）				技术适用条件
				苯	甲苯	二甲苯	非甲烷总烃	
12	凸版印刷	①水性凸印油墨替代技术	—	<0.5	<1	<1	20～40	适用于纸包装、标签、票证等的凸版印刷，凸版印刷工艺油墨耗用量少，适合采用水性油墨
13		①辐射固化油墨替代技术	—	<0.5	<1	<1	<30	适用于标签、票证等的凸版印刷，不适用于直接接触食品的印刷。LED-UV固化目前较先进的UV固化方式，可以减少臭氧的产生

包装印刷行业 VOCs 相关排放标准有哪些?

国家对包装印刷行业 VOCs 排放先后制定了 2 项标准和 1 项规范。

包装印刷行业 VOCs 国家排放标准

序号	标准
包装印刷行业 VOCs 国家排放标准	
1	《大气污染物综合排放标准》（GB16297—1996）
2	《挥发性有机物无组织排放控制标准》（GB37822—2019）
国家包装印刷行业排污许可	
1	《排污许可证申请与核发技术规范 印刷工业》（HJ 1066—2019）

地方出台了 12 项标准。

各地方包装印刷行业 VOCs 排放标准

序号	地区	标准
1	北京市	《大气污染物综合排放标准》（DB 11/501—2007）
		《印刷业挥发性有机物排放标准》（DB11/1201—2015）
2	天津市	《工业企业挥发性有机物排放控制标准》（DB 12/524—2014）
3	上海市	《大气污染物综合排放标准》（DB 31/933—2015）
		《印刷业大气污染物排放标准》（DB31/872—2015）
4	重庆市	《大气污染物综合排放标准》（DB50/418—2016）
		《包装印刷业大气污染物排放标准》（DB50/758—2017）
5	广东省	《大气污染物排放限值》（DB 44/27—2001）
		《印刷行业挥发性有机化合物排放标准》（DB44/815—2010）
6	山东省	《挥发性有机物排放标准第 4 部分：印刷业》（DB37/2801.4—2016）
7	辽宁省	《印刷业挥发性有机物排放标准》（DB21/3161—2019）
8	河北省	《工业企业挥发性有机物排放控制标准》（DB13/2322—2016）

第
五
章

工业涂装行业 VOCs
防控

家具制造行业产生 VOCs 排放的工序有哪些？

家具制造工业的 VOCs 主要在调漆、喷涂、施胶、干燥及注塑／挤出／模压／吹塑／压延／滚塑等工序产生。

家具制造行业各工序 VOCs 排放的特征污染物有哪些？

不同工序不同涂料产生的 VOCs 含量及特征污染物均不同，其中溶剂型涂料 VOCs 产生量占比最大，特征污染物最多。各工序采用的原辅材料类型、含量占比及特征污染物如下表所示。

生产工序	含 VOCs 原辅材料类型	VOCs 含量／%	特征污染物
涂饰工序	溶剂型涂料	20～70	间二甲苯、乙酸甲酯、乙酸丁酯、甲缩醛、乙苯、邻二甲苯、对二甲苯、乙酸仲丁酯、甲苯、二氯甲烷、乙酸乙酯、2,3～二甲基丁烷、异丁醇等
	水性涂料	＜10（不扣水）	甲苯、甲缩醛、二氯甲烷、间二甲苯、邻二甲苯、乙苯、对二甲苯、异丁烷、丁烷、乙酸乙酯、乙酸丁酯、乙酸仲丁酯等
	UV 固化涂料	10～30	间二甲苯、邻二甲苯、对二甲苯、乙酸乙酯、乙酸丁酯、乙苯、异丁醇、正丁醇、二氯甲烷、甲缩醛等
	粉末涂料	—	—

生产工序	含 VOCs 原辅材料类型	VOCs 含量 /%	特征污染物
施胶工序	溶剂型胶粘剂	30～70	乙酸仲丁酯、间二甲苯、甲苯、异己烷、环乙烷、3～甲基戊烷、邻二甲苯、乙苯、对二甲苯、己烷、甲基环戊烷等
	水性胶粘剂	5～10	甲缩醛、乙酸仲丁酯、甲苯、间二甲苯、对二甲苯、邻二甲苯、二氯甲烷、乙苯、环己酮等
	固体热熔胶	—	—
清洗工序	清洗剂	97.0～99.8	甲醇、乙醇、石油醚、乙醚、丙酮、苯类、乙酸乙酯等

家具制造行业各工序 VOCs 产生浓度有多少?

家具行业 VOCs 的产生主要来源于涂饰、干燥、施胶车间。其原辅材料、产污环节、VOCs 产生浓度水平如下表所示。

生产单元	原辅材料	产污环节	VOCs 产生浓度水平 /（mg/m³）
涂饰车间	溶剂型涂料	涂饰	100～700
	水性涂料		10～100
	UV 固化涂料		10～50
干燥车间	溶剂型涂料	干燥	50～200
	水性涂料		≤100
	UV 固化涂料		≤50
施胶车间	溶剂型胶粘剂	拼接、封边、贴饰面等	30～100
	水性胶粘剂		≤20
	固体热熔胶		≤5

51. 家具制造行业 VOCs 控制技术有哪些？

序号	工序类型	预防技术	治理技术	污染物排放水平（mg/m³）				技术适用条件
				苯	甲苯	二甲苯	非甲烷总烃	
1	涂饰处理工序	—	①湿式除尘技术+②干式过滤技术+③吸附/脱附技术+燃烧技术	<1	<10	<20	30~50	适用于使用溶剂型涂料的大、中规模家具制造企业或集中式喷涂工厂的漆雾、VOCs治理。典型治理技术路线为：①湿式除尘+干式过滤+活性炭吸附/脱附+RCO；②湿式除尘+干式过滤+活性炭吸附+转轮吸附/脱附+RCO。该技术投资成本高，运行成本不高
2		①水性涂料替代技术	①干式过滤技术+②吸附/脱附技术	<1	<2	<2	10~20	适用于木质家具和竹藤家具等的漆雾、VOCs治理。典型治理技术路线为干式过滤+活性炭吸附/脱附。后期维护需定期清理、更换过滤材料，定期更换或再生活性炭
3		①水性涂料替代技术+②自动喷涂技术	①干式过滤技术+②吸附/脱附技术	<1	<5	<5	20~40	适用于木质家具和竹藤家具等的漆雾、VOCs治理。自动喷涂替代人工喷涂后VOCs产生浓度会增加，但VOCs排放总量可减少。典型治理技术路线为干式过滤+活性炭吸附/脱附。后期维护需定期清理、定期更换或再生活性炭
4		①粉末涂料替代技术+②静电喷涂技术	①旋风除尘技术+②袋式除尘技术/滤筒除尘技术	<1	<1	<1	<10	适用于金属家具，适宜除尘式家具制造企业的颗粒物治理。其中旋风除尘可作为颗粒物排放较高企业的颗粒物预处理；袋式除尘技术需定期更换滤袋；滤筒除尘技术需定期清理或更换滤筒
5		①UV固化涂料替代技术+②辊涂/淋涂技术	①吸附/脱附技术	<1	<2	<2	10~20	适用于平整的板式家具。其中，水性UV固化涂料则需采用吸附/脱附技术，典型治理技术路线为UV固化涂料采用吸附/脱附技术，后期维护需定期更换或再生活性炭；无溶剂UV固化涂料可不采用末端治理技术

机械制造行业 VOCs 产排污节点有哪些？

机械制造行业 VOCs 排放主要是在焊接、涂装和烘干工艺过程中产生的。喷涂作业工序为主要 VOCs 排放工序，通常包含：前处理（除尘、脱脂、除锈、蚀刻等）、表面喷涂（喷涂、浸涂、辊涂、流涂等）、固化干燥（室温下自然干燥、固化炉干燥、辐射固化等）。电焊主要是产生烟尘，伴生臭氧及 VOCs，喷涂产生漆雾及 VOCs，固化干燥产生 VOCs。部分企业在固化干燥之前，还需要进行流平晾置，以保证漆膜的平整度和光泽度。典型的生产流程见图。

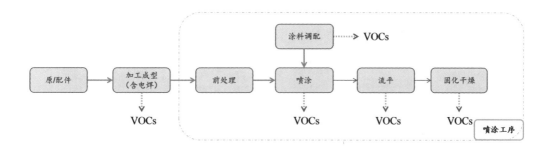

机械制造行业 VOCs 排放特征污染物有哪些？

电焊气量较小，排气中含有少量烟尘。喷漆换气量大，VOCs 浓度通常在 100 mg/m³ 以下，并且排气中含有少量未处理完全的漆雾。流平废气的成分与喷漆废气相近，但不含漆雾，可与喷漆室排风混合后集中处理。烘干固化废气温度较高，成分复杂，但风量相对较小，属于中、高浓度有机废气。不同类型的企业所使用的涂料类型、涂装工艺不同，其 VOCs 排放特征污染物见表。

生产工艺	含 VOCs 原辅材料	VOCs 特征污染物
焊接	助焊剂	臭氧等
空气喷涂、刷涂、辊涂	胶粘剂、溶剂型涂料、水性涂料、紫外光固化涂料、金属涂料、稀释剂、固化剂	乙酸仲丁酯、乙酸乙酯、二甲苯、乙苯、甲苯、环己酮、乙酸正丁酯、甲基环己烷等
静电喷涂、浸涂、电泳	粉末涂料、电泳涂料	甲苯、已基苯、三甲苯、乙酸乙酯、乙酸丁酯、二氯乙烷、环己烷、甲基戊烷、丁酮、甲基异丁基甲酮、丙酮等

机械制造行业源头替代和过程控制技术有哪些？

（1）采用无（低）VOCs 环保型原辅材料，包括水性涂料、高固体分涂料、粉末涂料、紫外光固化涂料、水性胶粘剂或无溶剂胶粘剂等，实施清洁原料替代。原辅材料购入前，需有相应的原辅材料检测报告，确保属于无（低）VOCs 环保型原辅材料。

（2）推荐采用静电喷涂、淋涂、辊涂、浸涂等效率较高的涂装工艺；应合理设计喷漆房，减少废气收集和治理设施负荷，禁止无 VOCs 净化、回收措施的露天喷涂作业。

机械制造行业气体捕集技术有哪些？

（1）电焊烟尘的捕集

1）少工位手工焊接的烟尘：采用单机烟尘净化器。

2）相对固定而且焊接点比较多的工况中的烟尘：配备工程烟尘净化装置。该装置主要针对相对固定而且焊接点比较多的工况中，每个吸风口及一条系统均有涉及吸风风量。管网压力由匹配的离心风机提供。管网变径以使每个吸风口压力基本相等。吸风罩尽量全覆盖工位产烟区，吸风罩与产烟点距离越近越好（以不影响工作的近距离为宜）。净化主机安置在风机前端，以标准的变径箱、管分别与主管路、风机相接。

（2）VOCs 的捕集

通用设备、机械制造行业 VOCs 排放主要在调漆、涂装和干燥等工段，从车间功能来看，集中在喷漆房（包括底漆、面漆、清漆）、调漆房、干燥房。为减少无组织排放，最大限度的控制 VOCs 排放量，需做好有机废气收集工作。

1）使用溶剂型涂料的喷漆房、干燥车间应严格密闭；对于流水线作业无法全封闭的情况，在进出口等敞开位置需设置风幕装置；换气风量根据车间大小确定，保证 VOCs 废气捕集率不低于 95%；

2）对于只能采用吸风罩收集的工序，排风罩设计应满足《排风罩的分类及技术条件》（GB/T 16758—2008）要求；

3）采用整体密闭的生产线，密闭区域内换风次数原则上不少于 20 次 / 小时；对于整体密闭换风的车间，车间换风次数原则上不少于 8 次 / 小时；所有产生 VOCs 的密闭空间应保持微负压；

4）喷漆室设计除满足安全通风外，任何湿式或干式喷漆室的控制风速应满足《涂装作业安全规程喷漆室安全技术规定》（GB 14444—2006）中表 1 的要求，如表所示。

操作条件（工件完全在室内）	干扰气流 /（m/s）	类型	控制风速 /（m/s）	
			设计值	范围
静电喷漆或自动无空气喷漆（室内无人）	忽略不计	大型喷漆室	0.25	0.25 ～ 0.38
		中小型喷漆室	0.50	0.38 ～ 0.67
手动喷漆	≤ 0.25	大型喷漆室	0.50	0.38 ～ 0.67
		中小型喷漆室	0.75	0.67 ～ 0.89
手动喷漆	≤ 0.50	大型喷漆室	0.75	0.67 ～ 0.89
		中小型喷漆室	1.00	0.77 ～ 1.30

注：大型喷漆室一般为完全密闭的围护结构体，作业人员在室体内操作，同时设置机械送排风系统；中小型喷漆室一般为半密闭的围护结构体，作业人员面对敞开口在室体外操作，仅设排风系统。

5）收集系统能与生产设备同步启动，集气方向与污染气流运动方向一致，涂装工艺设计及废气收集应注意同时满足安全生产的相关规定，管路应有明显的颜色区分及走向标识。

6）废气收集系统材质应防腐防锈，定期维护，存在泄漏时需及时修复。

机械制造行业电焊烟尘和漆雾末端控制技术有哪些？

（1）电焊烟尘

电焊烟尘主要污染物为颗粒物、O_3、VOCs。

颗粒物通过收集后可选技术有旋风除尘＋袋式／滤筒除尘技术或者多级湿式除尘技术。旋风除尘＋袋式／滤筒除尘技术适用于颗粒物浓度较高企业的颗粒物预处理。湿式除尘设施包括水帘柜、喷淋塔等，湿式水帘须满足《环境保护产品技术要求　湿法漆雾过滤净化装置》（HJ/T 388—2007）要求。应定期检查水帘机设备运行情况，保证设备光滑度，调整水量大小，确保形成有效的水帘除漆雾效果。应定期更换水帘机的除漆雾废水，废水应采用密闭管道收集处理至达标排放，漆渣应按照危险废物处置，妥善、及时处置次生污染物。

（2）漆雾

喷涂废气应设置有效的漆雾预处理装置，可采用干式过滤高效除漆雾、湿式水帘＋多级过滤除湿联合装置或静电漆雾捕集等除漆雾装置。湿式水帘技术要求同电焊烟尘预处理技术。

57. 机械制造行业 VOCs 末端控制技术有哪些？

序号	工序类型	预防技术	治理技术	污染物排放水平 / (mg/m³)					技术适用条件
				颗粒物	苯	甲苯	二甲苯	非甲烷总烃	
1	焊接工序		①旋风除尘技术 * +②袋式除尘技术 / 滤筒除尘技术	10～20					适用于机械行业电焊烟尘、漆雾预处理
2			①多级湿式除尘技术	10～20					适用于机械行业电焊烟尘、漆雾预处理
3	喷涂及干燥固化工序	—	①湿式除尘技术 + ②干式过滤技术 + ③吸附 / 脱附 / 脱附 + 燃烧技术	<10	<1	<10	<20	30～50	适用于使用溶剂型涂料的大、中规模机械行业中式喷漆工厂的漆雾、VOCs 治理。典型治理技术路线为：①湿式除尘 + 干式过滤 + 活性炭吸附 + RCO；②湿式除尘 + 干式过滤 + 转轮吸附 / 脱附 + RCO。该技术投资成本高，运行成本不高
4		①水性涂料替代技术	①干式过滤技术 + ②吸附 / 脱附 / 脱附	<10	<1	<2	<2	10～20	适用于机械行业电焊烟尘、漆雾、VOCs 治理。典型治理技术路线为干式过滤 + 活性炭吸附 / 脱附。后期维护需定期清理、更换过滤材料，定期更换或再生活性炭

序号	工序类型	预防技术	治理技术	污染物排放水平/（mg/m³）					技术适用条件
				颗粒物	苯	甲苯	二甲苯	非甲烷总烃	
5		①水性涂料替代技术+②自动喷涂技术	①干式过滤技术+②吸附/脱附技术	<10	<1	<5	<5	20~40	适用于机械行业电焊烟尘、漆雾、VOCs治理。自动喷涂替代人工喷涂治理。但涂料利用率可提高，VOCs产生浓度会增加，漆后VOCs排放总量可减少。典型治理技术路线为干式过滤+活性炭吸附/脱附，后期维护需定期清理、更换过滤材料，定期更换或再生活性炭
6		①粉末涂料替代技术+②静电喷涂技术	①旋风除尘技术+②袋式除尘技术/滤筒除尘技术	<10	<1	<1	<1	<10	适用于机械行业电焊烟尘的颗粒物治理。其中旋风除尘可作为颗粒物排放浓度较高企业的颗粒物预处理。袋式除尘技术需定期更换滤袋，滤筒除尘技术需定期清理或更换滤筒
7		①UV固化涂料替代技术+②辊涂/淋涂技术	①吸附/脱附技术	<10	<1	<2	<2	10~20	适用于规则平整的板式机械加工的漆雾、VOCs治理。其中，水性固化涂料需采用吸附/脱附技术，典型治理技术路线为活性炭吸附/脱附技术，后期维护需定期更换或再生活性炭；无溶剂UV固化涂料可不采用末端治理技术

注：表中"*"表示企业可根据自身情况选择是否采用该技术。

工业涂装行业 VOCs 相关排放标准有哪些？

国家对工业涂装行业 VOCs 排放先后制定了 6 项标准和 2 项规范。

工业涂装行业 VOCs 国家排放标准

序号	标准 / 许可
工业涂装行业 VOCs 国家排放标准	
1	《大气污染物综合排放标准》（GB 16297—2017）
2	《工业防护涂料中有害物质限量》（GB 30981—2020）
3	《车辆涂料中有害物质限量》（GB 24409—2020）
4	《木器涂料中有害物质限量》（GB 18581—2020）
5	《建筑用墙面涂料中有害物质限量》（GB 18582—2020）
6	《挥发性有机物无组织排放控制标准》（GB 37822—2019）
工业涂装行业排污许可	
1	《排污许可证申请与核发技术规范 汽车制造业》（HJ 971—2018）
2	《排污许可证申请与核发技术规范 家具制造业》（HJ 1027—2019）

地方出台了 17 项标准。

各地方工业涂装行业 VOCs 排放标准

序号	地区	标准
1	北京市	《大气污染物综合排放标准》（DB 11/501—2007）
		《工业涂装工序大气污染物排放标准》（DB11/1226—2015）
		《汽车整车制造业（涂装工序）大气污染物排放标准》（DB11/1227—2015）
2	天津市	《工业企业挥发性有机物排放控制标准》（DB 12/524—2014）
3	上海市	《大气污染物综合排放标准》（DB 31/933—2015）
		《汽车制造业（涂装）大气污染物排放标准》（DB31/859—2014）
4	重庆市	《大气污染物综合排放标准》（DB50/418—2016）
		《汽车整车制造表面涂装大气污染物排放标准》（DB50/577—2015）
		《摩托车及汽车配件制造表面涂装大气污染物排放标准》（DB50/600—2016）
5	广东省	《大气污染物排放限值》（DB 44/27—2001）
		《表面涂装（汽车制造业）挥发性有机化合物排放标准》（DB44/816—2010）
6	山东省	《挥发性有机物排放标准第 5 部分：表面涂装行业》（DB37/2801.5—2016）
7	辽宁省	《工业涂装工序挥发性有机物排放标准》（DB21/3160—2019）
8	浙江省	《工业涂装工序大气污染物排放标准》（DB33/2146—2018）
9	江苏省	《表面涂装（汽车制造业）挥发性有机物排放标准》（DB32/2862—2016）
		《表面涂装（家具汽车制造业）挥发性有机物排放标准》（DB32/3152—2016）
10	河北省	《工业企业挥发性有机物排放控制标准》（DB13/2322—2016）

第六章 油品储运销过程 VOCs 防控

哪些加油站需要安装自动监控设备?

重点区域年销售汽油量大于 5 000 t 的加油站安装油气回收自动监控设备,并与生态环境部门联网。

油气回收设施应自查什么?多久自查一次?

加强油枪气液比、系统密闭性及管线液阻等检查;重点区域原则上每半年开展一次,确保油气回收系统正常运行。

储油库的油罐该如何选择?

汽油、航空煤油、原油以及真实蒸气压小于 76.6 kPa 的石脑油应采用浮顶罐储存,其中,油品容积小于等于 100 m³ 的,可采用卧式储罐。

真实蒸气压大于等于 76.6 kPa 的石脑油应采用低压罐、压力罐或其他等效措施储存。

油罐车油气回收系统应检查什么？多久检查一次？

加强油罐车汽油回收系统密闭性和油气回收气动阀门密闭性检测，每年至少开展一次。

油品储运销行业 VOCs 排放标准有哪些？

国家对油品储运销行业 VOCs 排放先后出台了 4 项标准和 1 项规范。

油品储运销行业 VOCs 国家排放标准

序号	标准
油品运输行业 VOCs 国家排放标准	
1	《大气污染物综合排放标准》（GB16297—2017）
2	《储油库大气污染物排放标准》（GB20950—2007）
3	《加油站大气污染物排放标准》（GB20952—2007）
4	《挥发性有机物无组织排放控制标准》（GB37822—2019）
油品运输行业排污许可	
1	《排污许可证申请与核发技术规范 储油库、加油站》（HJ 1118—2020）

北京市出台了 4 项相关标准。

北京市油品储运行业 VOCs 排放标准

序号	地区	标准
1	北京市	《大气污染物综合排放标准》（DB 11/501—2007）
		《储油库油气排放控制和限值》（DB 11/206—2010）
		《油罐车油气排放控制和限值》（DB 11/207—2010）
		《加油站油气排放控制和限值》（DB 11/208—2010）

第七章 检查要点

排放 VOCs 的企业豁免安装收集及末端治理设施的情况有哪些？

政府可鼓励豁免企业结合实际，自主采取减排措施。豁免企业应作为督查重点对象，凡发现不满足条件的，取消豁免资格。

根据《重点行业挥发性有机物综合治理方案》（环大气 [2019]53 号），以下两种情况可豁免检查：

（1）使用的原辅材料 VOCs 含量（质量比）低于 10% 的工序，可不要求采取无组织排放收集措施。

（2）企业采取符合国家有关低 VOCs 含量产品规定的涂料、油墨、胶黏剂等，排放浓度稳定达标且排放速率、排放绩效满足相关规定的，相应生产工序可不要求建设末端治理设施，如使用水性涂料的木质家具喷涂行业。

部分省市自行规定以下两种情况也可豁免检查：

（1）完成 VOCs 全过程深度治理，达到特别排放限值和无组织排放特别控制要求，采用燃烧等高效治理设施或送工业加热炉、锅炉直接燃烧处理，经当地生态环境局评估认定，VOCs 收集效率与处理效率达到"双 90%"的企业。

（2）涉及重大民生保障的企事业单位。

哪些企业应进行泄漏控制检测？

企业中载有气态、液态 VOCs 物料的设备与管线组件，密封点数量大于等于 2 000 个的，应按要求开展 LDAR 工作。石化企业按行业排放标准规定执行。

企业 VOCs 排气筒设置高度有什么要求？

VOCs 气体通过净化设备处理达标后由排气筒排入大气，排气筒高度不低于 15 m。

污染治理设施的运营维护台账需要记录什么？

企业应将污染治理设施的工艺流程、操作规程和维护制度在设施现场和操作场所明示公布，建立相关的管理规章制度，明确耗材的更换周期和设施的检查周期，建立治理设施运行、维护等记录台账，记录内容包括：

（1）治理设施的启动、停止时间；

（2）吸附剂、催化剂等采购量、使用量及更换时间；

（3）治理装置运行工艺控制参数，包括治理设施进、出口浓度和吸附装置内温度；

（4）主要设备维修、运行事故等情况；

（5）危险废物处置情况。

工业企业 VOCs 物料储存的检查要点有哪些？

根据《重点行业挥发性有机物综合治理方案》（环大气 [2019]53 号），检查要点如下：

源项	检查环节	检查要点
VOCs 物料储存	容器、包装袋	1. 容器或包装袋在非取用状态时是否加盖、封口，保持密闭；盛装过 VOCs 物料的废包装容器是否加盖密闭。 2. 容器或包装袋是否存放于室内，或存放于设置有雨棚、遮阳和防渗设施的专用场地
	挥发性有机液体储罐	3. 储罐类型与储存物料真实蒸气压、容积等是否匹配，是否存在破损、孔洞、缝隙等问题
		4. 内浮顶罐的边缘密封是否采用浸液式、机械式鞋形等高效密封方式。 5. 外浮顶罐是否采用双重密封，且一次密封为浸液式、机械式鞋形等高效密封方式。 6. 浮顶罐浮盘附件开口（孔）是否密闭（采样、计量、例行检查、维护和其他正常活动除外）
		7. 固定顶罐是否配有 VOCs 处理设施或气相平衡系统。 8. 呼吸阀的定压是否符合设定要求。 9. 固定顶罐的附件开口（孔）是否密闭（采样、计量、例行检查、维护和其他正常活动除外）
	储库、料仓	10. 围护结构是否完整，与周围空间完全阻隔。 11. 门窗及其他开口（孔）部位是否关闭（人员、车辆、设备、物料进出时，以及依法设立的排气筒、通风口除外）

工业企业VOCs物料转移和输送的检查要点有哪些？

根据《重点行业挥发性有机物综合治理方案》（环大气[2019]53号），检查要点如下：

源项	检查环节	检查要点
VOCs物料转移和输送	液态VOCs物料	1. 是否采用管道密闭输送，或者采用密闭容器或罐车
	粉状、粒状VOCs物料	2. 是否采用气力输送设备、管状带式输送机、螺旋输送机等密闭输送方式，或者采用密闭的包装袋、容器或罐车
	挥发性有机液体装载	3. 汽车、火车运输是否采用底部装载或顶部浸没式装载方式。 4. 是否根据年装载量和装载物料真实蒸气压，对VOCs废气采取密闭收集处理措施，或连通至气相平衡系统；有油气回收装置的，检查油气回收量

工业企业工艺过程VOCs无组织排放的检查要点有哪些？

根据《重点行业挥发性有机物综合治理方案》（环大气[2019]53号），检查要点如下：

源项	检查环节	检查要点
工艺过程VOCs无组织排放	VOCs物料投加和卸放	1.液态、粉粒状VOCs物料的投加过程是否密闭，或采取局部气体收集措施；废气是否排至VOCs废气收集处理系统。 2.VOCs物料的卸（出、放）料过程是否密闭，或采取局部气体收集措施；废气是否排至VOCs废气收集处理系统
	化学反应单元	3.反应设备进料置换废气、挥发排气、反应尾气等是否排至VOCs废气收集处理系统。 4.反应设备的进料口、出料口、检修口、搅拌口、观察孔等开口（孔）在不操作时是否密闭
	分离精制单元	5.离心、过滤、干燥过程是否采用密闭设备，或在密闭空间内操作，或采取局部气体收集措施；废气是否排至VOCs废气收集处理系统。 6.其他分离精制过程排放的废气是否排至VOCs废气收集处理系统。 7.分离精制后的母液是否密闭收集；母液储槽（罐）产生的废气是否排至VOCs废气收集处理系统
	真空系统	8.采用干式真空泵的，真空排气是否排至VOCs废气收集处理系统。 9.采用液环（水环）真空泵、水（水蒸气）喷射真空泵的，工作介质的循环槽（罐）是否密闭，真空排气、循环槽（罐）排气是否排至VOCs废气收集处理系统
	配料加工与产品包装过程	10.混合、搅拌、研磨、造粒、切片、压块等配料加工过程，以及含VOCs产品的包装（灌装、分装）过程是否采用密闭设备，或在密闭空间内操作，或采取局部气体收集措施；废气是否排至VOCs废气收集处理系统
	含VOCs产品的使用过程	11.调配、涂装、印刷、粘结、印染、干燥、清洗等过程中使用VOCs含量大于等于10%的产品，是否采用密闭设备，或在密闭空间内操作，或采取局部气体收集措施；废气是否排至VOCs废气收集处理系统。 12.有机聚合物（合成树脂、合成橡胶、合成纤维等）的混合/混炼、塑炼/塑化/熔化、加工成型（挤出、注射、压制、压延、发泡、纺丝等）等制品生产过程，是否采用密闭设备，或在密闭空间内操作，或采取局部气体收集措施；废气是否排至VOCs废气收集处理系统
	其他过程	13.载有VOCs物料的设备及其管道在开停工（车）、检维修和清洗时，是否在退料阶段将残存物料退净，并用密闭容器盛装；退料过程废气、清洗及吹扫过程排气是否排至VOCs废气收集处理系统
	VOCs无组织废气收集处理系统	14.是否与生产工艺设备同步运行。 15.采用外部集气罩的，距排气罩开口面最远处的VOCs无组织排放位置，控制风速是否大于等于0.3米/秒（有行业具体要求的按相应规定执行）。 16.废气收集系统是否负压运行；处于正压状态的，是否有泄漏。 17.废气收集系统的输送管道是否密闭、无破损

工业企业设备与管线组件泄漏的检查要点有哪些？

根据《重点行业挥发性有机物综合治理方案》（环大气 [2019]53 号），检查要点如下：

源项	检查环节	检查要点
设备与管线组件泄漏	LDAR 工作	1. 企业密封点数量大于等于 2 000 个的，是否开展 LDAR 工作。 2. 泵、压缩机、搅拌器、阀门、法兰等是否按照规定的频次进行泄漏检测。 3. 发现可见泄漏现象或超过泄漏认定浓度的，是否按照规定的时间进行泄漏源修复。 4. 现场随机抽查，在检测不超过 100 个密封点的情况下，发现有 2 个以上（不含）不在修复期内的密封点出现可见泄漏现象或超过泄漏认定浓度的，属于违法行为

工业企业敞开液面 VOCs 逸散的检查要点有哪些？

根据《重点行业挥发性有机物综合治理方案》（环大气 [2019]53 号），检查要点如下：

源项	检查环节	检查要点
敞开液面 VOCs 逸散	废水集输系统	1. 是否采用密闭管道输送；采用沟渠输送未加盖密闭的，废水液面上方 VOCs 检测浓度是否超过标准要求。 2. 接入口和排出口是否采取与环境空气隔离的措施
	废水储存、处理设施	3. 废水储存和处理设施敞开的，液面上方 VOCs 检测浓度是否超过标准要求。 4. 采用固定顶盖的，废气是否收集至 VOCs 废气收集处理系统
	开式循环冷却水系统	5. 是否每 6 个月对流经换热器进口和出口的循环冷却水中的 TOC 或 POC 浓度进行检测；发现泄漏是否及时修复并记录

工业企业有组织 VOCs 排放的检查要点有哪些？

根据《重点行业挥发性有机物综合治理方案》（环大气 [2019]53 号），检查要点如下：

源项	检查环节	检查要点
有组织 VOCs 排放	排气筒	1.VOCs 排放浓度是否稳定达标。 2. 车间或生产设施收集排放的废气，VOCs 初始排放速率大于等于 3 kg/h、重点区域大于等于 2 kg/h 的，VOCs 治理效率是否符合要求；采用的原辅材料符合国家有关低 VOCs 含量产品规定的除外。 3. 是否安装自动监控设施，自动监控设施是否正常运行，是否与生态环境部门联网

工业企业废气治理设施的检查要点有哪些？

根据《重点行业挥发性有机物综合治理方案》（环大气 [2019]53 号），检查要点如下：

源项	检查环节	检查要点
废气治理设施	冷却器 / 冷凝器	1. 出口温度是否符合设计要求。 2. 是否存在出口温度高于冷却介质进口温度的现象。 3. 冷凝器溶剂回收量
	吸附装置	4. 吸附剂种类及填装情况。 5. 一次性吸附剂更换时间和更换量。 6. 再生型吸附剂再生周期、更换情况。 7. 废吸附剂储存、处置情况
	催化氧化器	8. 催化（床）温度。 9. 电或天然气消耗量。 10. 催化剂更换周期、更换情况
	热氧化炉	11. 燃烧温度是否符合设计要求
	洗涤器 / 吸收塔	12. 酸碱性控制类吸收塔，检查洗涤 / 吸收液 pH 值。 13. 药剂添加周期和添加量。 14. 洗涤 / 吸收液更换周期和更换量。 15. 氧化反应类吸收塔，检查氧化还原电位（ORP）值

工业企业 VOCs 相关文件检查要点有哪些？

检查要点如下：

文件	检查要点
环评和"三同时"制度执行	是否进行环境影响评价和竣工环保验收
批建相符	检查排放 VOCs 的生产装置数量及配套治理设施是否与环评一致，治理设施是否向趋好方向建设
原辅材料	是否采用低 VOCs 含量原辅材料
台账	企业是否按要求记录台账

储油库 VOCs 排放的检查要点有哪些？

根据《重点行业挥发性有机物综合治理方案》（环大气 [2019]53 号），检查要点如下：

源项	检查环节	检查要点
储油库	发油阶段	1.油罐车或铁路罐车是否采用底部装载或顶部浸没式装载方式。 2.气液比、油气收集系统压力等
	油气处理装置	3.是否有油气处置装置。 4.检测频次、油气排放浓度、油气处理效率，进出口压力。 5.一次性吸附剂更换时间和更换量，再生型吸附剂再生周期、更换情况，废吸附剂储存、处置情况等
	油气收集系统	6.泄漏检测频次及浓度

工业企业有组织 VOCs 排放的检查要点有哪些？

根据《重点行业挥发性有机物综合治理方案》（环大气 [2019]53 号），检查要点如下：

源项	检查环节	检查要点
加油站	加油阶段	1. 是否采用油气回收型加油枪，加油枪集气罩是否有破损，加油站人员加油时是否将集气罩紧密贴在汽油油箱加油口（现场加油查看或查看加油区视频）。 2. 有无油气回收真空泵，真空泵是否运行（打开加油机盖查看加油时设备是否运行）；油气回收铜管是否正常连接。 3. 加油枪气液比、油气回收系统管线液阻、油气收集系统压力的检测频次、检测结果等
	卸油阶段	4. 查看卸油油气回收管线连接情况（查看卸油过程录像）。 5. 卸油区有无单独的油气回收管口，有无快速密封接头或球形阀
	储油阶段	6. 是否有电子液位仪。 7. 卸油口、油气回收口、量油口、P/V 阀及相关管路是否有漏气现象，人井内是否有明显异味
	在线监控系统	8. 气液比、气体流量、压力、报警记录等
	油气处理装置	9. 一次性吸附剂更换时间和更换量，再生型吸附剂再生周期、更换情况，废吸附剂储存、处置情况等

第八章 政策法规

78.

我国 VOCs 污染防治政策法规的历史演变过程是怎样的？

我国 VOCs 污染防治在摸索中前进。2010 年以前，仅有石油炼制和炼焦业、油品运输、合成革制造、室内装饰等少部分行业活动实施了一些 VOCs 相关的排放标准和规定。

2010 年，国务院办公厅印发《关于推进大气污染联防联控工作改善区域空气质量的指导意见》，在国家层面首次提出将挥发性有机物作为重点大气污染物开展污染防治。

2011 年，《国家环境保护"十二五"规划》提出加强挥发性有机污染物和有毒废气控制。

2012 年，《重点区域大气污染防治"十二五"规划》将 VOCs 列入控制指标。

2013 年，国务院颁布《大气污染防治行动计划》，要求推进石化、有机化工、表面涂装、包装印刷等行业实施挥发性有机物综合整治。同年，环境保护部发布了《挥发性有机物污染防治技术政策》。

2014 年，新修订的《中华人民共和国环境保护法》在原有环境保护法的基础上，加大了处罚力度，突出了信息公开，并相继通过《环境保护主管部门实施按日连续处罚暂行办法》和《企事业单位环境信息公开暂行办法》等，为 VOCs 等污染物的污染防治提供了更有力的法律保障。

2015 年，开始试行《挥发性有机物排污收费试点办法》，石化行业和包装印刷行业作为试点行业；随后北京、上海、广州等 14 个地方相继发布了地方挥发性有机物排污收费细则；在石化行业开展泄漏检测与修复技术改造，并限时完成加油站、储油库、油罐车的油气回收治理。

2016 年，《重点行业挥发性有机物削减行动计划》规定，到 2018 年，工业行业 VOCs 排放量比 2015 年削减 330 万吨以上。

2017 年，环境保护部、国家发展和改革委员会等六部委联合下发了《"十三五"挥发性有机物污染防治工作方案》，明确提出，到 2020 年，建立健全 VOCs 污染防治管理体系，实施重点地区、重点行业 VOCs 污染减排，排放总量下降 10% 以上。

2018 年，国务院发布《打赢蓝天保卫战三年行动计划》，提出到 2020 年 PM$_{2.5}$ 未达标地级及以上城市浓度比 2015 年下降 18% 以上。

2019 年，生态环境部发布《重点行业挥发性有机物综合治理方案》，指出石化、化工、工业涂装、包装印刷和油品储运销为五大重点领域，京津冀及周边地区、长三角、汾渭平原为重点区域，并再次强调到 2020 年，通过重点领域、重点区域的 VOCs 综合治理，完成"十三五"规划确定的 VOCs 排放总量下降 10% 的目标任务。

我国对 VOCs 综合防治的法律依据是什么？

根据《中华人民共和国大气污染防治法》第二条规定，"防治大气污染，应当加强对燃煤、工业、机动车船、扬尘、农业等大气污染的综合防治，推行区域大气污染联合防治，对颗粒物、二氧化硫、氮氧化物、挥发性有机物、氨等大气污染物和温室气体实施协同控制。"

我国工业企业需安装VOCs治理设施的法律依据是什么？

根据《中华人民共和国大气污染防治法》第四十五条规定，"产生含挥发性有机物废气的生产和服务活动，应当在密闭空间或者设备中进行，并按照规定安装、使用污染防治设施；无法密闭的，应当采取措施减少废气排放。"

我国工业涂装企业建立VOCs台账的要求是什么？

根据《中华人民共和国大气污染防治法》第四十六条规定，"工业涂装企业应当使用低挥发性有机物含量的涂料，并建立台账，记录生产原料、辅料的使用量、废弃量、去向以及挥发性有机物含量。台账保存期限不得少于三年。"

我国石化、化工及油品储运销企业应对 VOCs 污染防治的措施有哪些？

根据《中华人民共和国大气污染防治法》第四十七条规定，"石油、化工以及其他生产和使用有机溶剂的企业，应当采取措施对管道、设备进行日常维护、维修，减少物料泄漏，对泄漏的物料应当及时收集处理。储油储气库、加油加气站、原油成品油码头、原油成品油运输船舶和油罐车、气罐车等，应当按照国家有关规定安装油气回收装置并保持正常使用。"

对生产、销售挥发性有机物含量不符合质量标准或者要求的原材料和产品的单位，应由何级部门做何种处罚？

根据《中华人民共和国大气污染防治法》第一百零四条规定，"由县级以上地方人民政府市场监督管理部门责令改正，没收原材料、产品和违法所得，并处货值金额一倍以上三倍以下的罚款。"

对进口挥发性有机物含量不符合质量标准或者要求的原材料和产品的单位，应由何级部门做何种处罚？

根据《中华人民共和国大气污染防治法》第一百零五条规定，"由海关责令改正，没收原材料、产品和违法所得，并处货值金额一倍以上三倍以下的罚款；构成走私的，由海关依法予以处罚。"

对违反《大气污染防治法》中与 VOCs 污染防治相关的法律行为，其处罚方式有哪些？

根据《中华人民共和国大气污染防治法》第一百零八条规定，"由县级以上人民政府生态环境主管部门责令改正，处二万元以上二十万元以下的罚款；拒不改正的，责令停产整治：

（一）产生含挥发性有机物废气的生产和服务活动，未在密闭空间或者设备中进行，未按照规定安装、使用污染防治设施，或者未采取减少废气排放措施的；

（二）工业涂装企业未使用低挥发性有机物含量涂料或者未建立、保存台账的；

（三）石油、化工以及其他生产和使用有机溶剂的企业，未采取措施对管道、设备进行日常维护、维修，减少物料泄漏或者对泄漏的物料未及时收集处理的；

（四）储油储气库、加油加气站和油罐车、气罐车等，未按照国家有关规定安装并正常使用油气回收装置的；

（五）钢铁、建材、有色金属、石油、化工、制药、矿产开采等企业，未采取集中收集处理、密闭、围挡、遮盖、清扫、洒水等措施，控制、减少粉尘和气态污染物排放的；

（六）工业生产、垃圾填埋或者其他活动中产生的可燃性气体未回收利用，不具备回收利用条件未进行防治污染处理，或者可燃性气体回收利用装置不能正常作业，未及时修复或者更新的。"

附 件

涉及 VOCs 地方大气污染物排放标准（截至 2019 年 12 月）

序号	标准名称	编号
北京市		
1	储油库油气排放控制和限值	DB 11/206—2010
2	油罐车油气排放控制和限值	DB 11/207—2010
3	加油站油气排放控制和限值	DB 11/208—2010
4	炼油与石油化学工业大气污染物排放标准	DB 11/447—2015
5	大气污染物综合排放标准	DB 11/501—2017
6	铸锻工业大气污染物排放标准	DB 11/914—2012
7	防水卷材行业大气污染物排放标准	DB 11/1055—2013
8	印刷业挥发性有机物排放标准	DB 11/1201—2015
9	木质家具制造业大气污染物排放标准	DB 11/1202—2015
10	工业涂装工序大气污染物排放标准	DB 11/1226—2015
11	汽车整车制造业（涂装工序）大气污染物排放标准	DB 11/1227—2015
12	汽车维修业大气污染物排放标准	DB 11/1228—2015
13	有机化学品制造业大气污染物排放标准	DB 11/1385—2017
14	餐饮业大气污染物排放标准	DB 11/1488—2018
15	电子工业大气污染物排放标准	DB 11/1631—2019
上海市		
1	生物制药行业污染物排放标准	DB 31/373—2010
2	半导体行业污染物排放标准	DB 31/374—2006
3	餐饮业油烟排放标准	DB 31/844—2014
4	汽车制造业（涂装）大气污染物排放标准	DB 31/859—2014
5	印刷业大气污染物排放标准	DB 31/872—2015
6	涂料、油墨及其类似产品制造工业大气污染物排放标准	DB 31/881—2015
7	大气污染物综合排放标准	DB 31/933—2015
8	船舶工业大气污染物排放标准	DB 31/934—2015

序号	标准名称	编号
9	恶臭（异味）污染物排放标准	DB 31/1025—2016
10	家具制造业大气污染物排放标准	DB 31/1059—2017
11	畜禽养殖业污染物排放标准	DB 31/1098—2018
山东省		
1	挥发性有机物排放标准第 1 部分：汽车制造业	DB 37/2801.1—2016
2	挥发性有机物排放标准第 2 部分：铝型材工业	DB 37/2801.2—2019
3	挥发性有机物排放标准第 3 部分：家具制造业	DB 37/2801.3—2017
4	挥发性有机物排放标准第 4 部分：印刷业	DB 37/2801.4—2017
5	挥发性有机物排放标准第 5 部分：表面涂装行业	DB 37/2801.5—2018
6	挥发性有机物排放标准第 6 部分：有机化工行业	DB 37/2801.6—2017
7	挥发性有机物排放标准第 7 部分：其他行业	DB 37/2801.7—2017
8	有机化工企业污水处理厂（站）挥发性有机物及恶臭污染物排放标准	DB 37/3161—2018
重庆市		
1	大气污染物综合排放标准	DB 50/418—2016
2	汽车整车制造表面涂装大气污染物排放标准	DB 50/577—2015
3	摩托车及汽车配件制造表面涂装大气污染物排放标准	DB 50/660—2016
4	汽车维修业大气污染物排放标准	DB 50/661—2016
5	家具制造业大气污染物排放标准	DB 50/757—2017
6	包装印刷业大气污染物排放标准	DB 50/758—2017
江西省		
1	挥发性有机物排放标准第 1 部分：印刷行业	DB 36/1101.1—2019
2	挥发性有机物排放标准第 2 部分：有机化工行业	DB 36/1101.2—2019
3	挥发性有机物排放标准第 3 部分：医药制造业	DB 36/1101.3—2019
4	挥发性有机物排放标准第 4 部分：塑料制品业	DB 36/1101.4—2019
5	挥发性有机物排放标准第 5 部分：汽车制造业	DB 36/1101.5—2019

序号	标准名称	编号
6	挥发性有机物排放标准第 6 部分：家具制造业	DB 36/1101.6—2019
广东省		
1	家具制造行业挥发性有机化合物排放标准	DB 44/814—2010
2	包装印刷行业挥发性有机化合物排放标准	DB 44/815—2010
3	表面涂装（汽车制造业）挥发性有机化合物排放标准	DB 44/816—2010
4	制鞋行业挥发性有机化合物排放标准	DB 44/817—2010
5	集装箱制造业挥发性有机物排放标准	DB 44/1837—2016
浙江省		
1	生物制药工业污染物排放标准	DB 33/923—2014
2	纺织染整工业大气污染物排放标准	DB 33/962—2015
3	化学合成类制药工业大气污染物排放标准	DB 33/2015—2016
4	制鞋工业大气污染物排放标准	DB 33/2046—2017
5	工业涂装工序大气污染物排放标准	DB 33/2146—2018
天津市		
1	恶臭污染物排放标准	DB 12/059—1995
2	工业企业挥发性有机物排放控制标准	DB 12/524—2014
3	餐饮业油烟排放标准	DB 12/644—2016
江苏省		
1	表面涂装（汽车制造业）挥发性有机物排放标准	DB 32/2862—2016
2	化学工业挥发性有机物排放标准	DB 32/3151—2016
3	表面涂装（家具制造业）挥发性有机物排放标准	DB 32/3152—2016
湖南省		
1	家具制造行业挥发性有机物排放标准	DB 43/1355—2017
2	表面涂装（汽车制造及维修）挥发性有机物、镍排放标准	DB 43/1356—2017
3	印刷业挥发性有机物排放标准	DB 43/1357—2017
福建省		
1	工业挥发性有机物排放标准	DB 35/1782—2018
2	工业涂装工序挥发性有机物排放标准	DB 35/1783—2018

序号	标准名称	编号
3	印刷行业挥发性有机物排放标准	DB 35/1784—2018
	河北省	
1	青霉素类制药挥发性有机物和恶臭特征污染物排放标准	DB 13/2208—2015
2	工业企业挥发性有机物排放控制标准	DB 13/2322—2016
	四川省	
1	固定污染源大气挥发性有机物排放标准	DB 51/2377—2017
	陕西省	
1	挥发性有机物排放控制标准	DB 61/T1061—2017
	辽宁省	
1	工业涂装工序挥发性有机物排放标准	DB 21/3160—2019

注：鉴于笔者能力有限，以上 VOCs 地方标准或未能统计完全。欢迎各省读者指出，与笔者共同完善涉 VOCs 的地方排放标准，为维护我们共同的生存环境贡献力量。

参考文献

[1] 《关于推进大气污染联防联控工作改善区域空气质量的指导意见》（国办发 [2010]33 号）.

[2] 《重点区域大气污染防治"十二五"规划》（国函 [2012]146 号）.

[3] 《大气污染防治行动计划》（国发 [2013]37 号）.

[4] 《"十三五"节能减排综合工作方案》（国发 [2016]74 号）.

[5] 《打赢蓝天保卫战三年行动计划》（国发 [2018]22 号）.

[6] 《京津冀及周边地区 2019—2020 年秋冬季大气污染综合治理攻坚行动方案》（环大气 [2019]88 号）.

[7] 《长三角地区 2019—2020 年秋冬季大气污染综合治理攻坚行动方案》（环大气 [2019]97 号）.

[8] 《重点行业挥发性有机物综合治理方案》（环大气 [2019]53 号）.

[9] 《关于印发工业涂装等 3 个行业挥发性有机物（VOCs）控制技术指导意见的函》（温环发 [2019] 14 号）.

[10] 《吸附法工业有机废气治理工程技术规范》（HJ 2026—2013）.

[11] 《催化燃烧法工业有机废气治理工程技术规范》（HJ 2027—2013）.

[12] 《蓄热燃烧法工业有机废气治理工程技术规范》（HJ 1093—2020）.

[13] 《印刷工业污染防治可行技术指南》（HJ 1089—2020）.

[14] 《涂料油墨行业污染防治可行技术指南》（征求意见稿）.

[15] 《家具制造工业污染防治可行技术指南》（征求意见稿）.

[16] 叶代启、邵敏，等.VOCs 污染防治知识问答 [M]. 北京：中国环境出版社 . 2017.

[17] 王宏亮、何连生.中小企业有机废气污染防治难点问题及解决方案 [M]. 北京：中国环境出版集团 . 2020.

[18] 李守信，苏建华，马德刚 . 挥发性有机物污染控制工程 [M]. 北京：化学工业出版社 . 2017.

[19] 郝郑平 . 挥发性有机污染物排放控制过程、材料与技术 [M]. 北京：

科学出版社 . 2019.

[20] 解强 , 程杰 . VOCs 净化处理设施运行维护手册 [M]. 北京：建筑工业出版社 .

[21] 郭雪琪 , 余茂礼 , 费蕾蕾 , 等 . VOCs 走航监测 : 技术方法与案例应用 [J]. 生态环境学报 , 2020, 29 (2): 311-318.

[22] 薛莲 , 陈晓峰 , 方渊 , 等 . VOCs 走航观测在城市污染源排查中的应用 [J]. 中国环境监测 , 2020, 36 (2): 205-213.

[23] 黄小刚 , 邵天杰 , 赵景波 , 等 . 长江经济带空气质量的时空分布特征及影响因素 [J]. 中国环境科学 , 2020, 40 (02): 874-884.

[24] 欧盛菊 , 魏巍 , 王晓琦 , 等 . 华北地区典型重工业城市夏季近地面 O_3 污染特征及敏感性 [J/OL]. 环境科学 :1-13[2020-05-20].https://doi.org/10.13227/j.hjkx.201912114.

[25] Yaqiong WANG, Ke Xu, Shao min Li. The Functional Spatio-Temporal Statistical Model with Application to O_3 Pollution in Beijing, China. 2020, 17(9).

[26] Daichun WANG, Wei You, Zengliang Zang Xiaobin Pan, Hongrang He, Yanfei Liang. A three-dimensional variational data assimilation system for a size-resolved aerosol model: Implementation and application for particulate matter and gaseous pollutant forecasts across China[J/OL]. Science China Earth Sciences:1-15[2020-05-20].http://kns.cnki.net/kcms/detail/11.5843.p.20200426.1722.002.html.

[27] Shijie YU,Shasha YIN,Ruiqin ZHANG,Lingling WANG, Fangcheng SU, Yixiang ZHANG, Jian YANG. Spatiotemporal characterization and regional contributions of O_3 and NO_2: An investigation of two years of monitoring data in Henan, China [J]. Journal of Environmental Sciences, 2020, 90 (4): 29-40.

[28] Rong LI, Xin MEI, Liangfu CHEN, et al. Long-Term (2005—2017) View of Atmospheric Pollutants in Central China Using Multiple Satellite Observations. 2020, 12(6).

[29] Haitao ZHOU, Yue ming YU, Xuan GU, et al. Characteristics of Air Pollution and Their Relationship with Meteorological Parameters: Northern Versus Southern Cities of China. 2020, 11(3).